快楽ワイン道

それでも飲まずにいられない

山本　博

講談社

快楽ワイン道　それでも飲まずにいられない

本書を小川順、斌の
二人の義兄に捧げる

はじめに

新橋駅正面入り口の真ん前に、小川軒があった。初代の小川鉄五郎に言わせれば、
「新橋の駅前に小川軒があるんじゃなくて、小川軒の前に駅が移ってきたんだ」
大正一八年創業のビフテキ屋。今のようにホテルがなかった時代、帝国ホテルと小川軒だけが、都内最高の肉を使っているのが自慢だった。

戦後、東京で焼け出された多くの作家、芸術家、知識人が、焼けずに済んだ鎌倉に住み、いわゆる鎌倉文士達が文壇や世論を左右していた時代があった。その人達が東京は銀座に出てきたとき、コインロッカーなんてなかったから、駅前の小川軒を手荷物置き場に使っていた。そのうち尾崎士郎さんが、文壇情報をまとめた『風報』という同人誌を刊行し、小川軒で売るようになった。

その小川軒は、兄の順がシェフ、弟の斌（あきら）がマネージャーだったが、斌に僕の姉が嫁いだ関係で、僕は経理の手伝いをするようになった。一九四九年（昭和二四年）、三鷹事件や下山事件が起きた年で、僕は早稲田の一年生。義兄二人がお酒に弱かったので、僕は飲酒担当。お客の藤原義江さんや吉田健一さん、その他の酒豪の方々から、ワインやブランデー、ウィスキーの逸品の話を聞かされ、自然と洋酒の世界に強い関心を持つようになった。なにしろ、話だけで現物がなかった時代。それだけに、世界の名酒なるものへのあこがれは募っていった。

大学院時代、社会法を専攻した。その頃はマルクス主義が一世を風靡した時代で、私は横浜は伊勢佐木町近くで生まれた小商人の息子だったから、そうしたイデオロギーとは肌が合わなかった。それに気がついた恩師、野村平爾教授から、君はマックス・ウェーバーを学びなさいと示唆された。以来、中世から近世にかけての社会・経済を勉強しているうちに、いやがうえにもキリスト教とワインに関心を持つようになっていった。

弁護士になって十年目、精神的なマンネリから脱却するために、一ヵ月の休暇をとり、ヨーロッパ探訪を準備した。たまたまそのとき、主力取引先だった明治屋の重役さんから、日本で最初のワインの業界視察団を計画中だが参加しませんか、というお誘いがあった。ときは、一九六九年（昭和四四年）。旅費だけで、当時のお金で約百万円。とても無理だとあきらめかけていたとき、義兄の斌さんが、

「どうもこれからは、ワインの時代になりそうだ。お店で出してあげるから行ってらっしゃい！」

かくして、念願の夢を果たすことが出来た。しかし、いざ渡欧してみると日本での耳学問とは違うことだらけ。実際のヨーロッパ文明との遭遇は、まさにカルチャーショックの連続だった。視察団の一人に柴田書店の社長がいて、「帰ったらワインの本を訳しなさい、うちで出してあげるから」と。

そのご縁で英国のワイン・アンド・フード・ソサエティのドン、アンドレ・シモンの『ザ・

コモンセンス・オブ・ワイン』（邦題『世界のワイン』柴田書店）を訳出することになった。この本が日本で最初の本格的なワインブックとなり、八版まで版を重ねた。

また、翌一九七〇年（昭和四五年）に、機会があって約四十日間アメリカ各地を旅行することになった。こちらの方は、本業との関係で労働法制の視察のためだったが、旧世界のヨーロッパ文明とは全く異なる新文明の世界にも、ショックを受けた。

現在はグローバリゼーションの大波が日本にも押し寄せ、ワインも日本人の日常生活に定着するようになった。しかし、これほどまでになるとは半世紀前には予想もしなかった。たまたま朝日新聞のコラム「飲むには理由がある」で、ワインを受け持つことになり、ワインと食について、初めての出会いをテーマに書いた。講談社さんとはその昔、吉行淳之介さんとの関係で、キングズレー・エイミスのワインとウィスキーについての本を訳して出版してもらったご縁もあり、新聞のコラム用に切り詰めた原稿を、書き直してまとめた本書を出してもらえるようになったことは、本当に嬉しい。

日本もわずか半世紀前はこんなだったのだということを、若い世代の人々に知っていただくこともワインという酒のあり方を考えるうえで、決して無駄ではないだろう。

二〇一六年五月

山本　博

目次

第2章　僕の修業時代〜アメリカ&イギリス編

第3章　それでも飲まずにいられない

第4章　フランスのワイン産地を歩く

第5章　世界のワイン産地を歩く

第6章　名物にうまいものなし

本文イラスト／山本　博

第1章　僕の修業時代〜フランス編

この章について

伊勢佐木町という横浜の繁華街育ちで、日本酒の飲みっぷりでは、青年団の中では誰にも負けなかった。大学に入ってから新橋の小川軒で経理を受け持つようになり、フランス料理とワインが、僕の人生に入ってくることになる。と言っても、ホテルオークラが建つまでは、「本格的なフレンチ」なるものにお目にかかれるのは、帝国ホテルだけだった。街場にも西洋料理店なるものはあったが、本格的なフレンチらしきものを口にできるようになったのは、銀座の並木通りにポール・ボキューズの提携店「レンガ屋」が現れたころからである。

ワインに関しても明治屋の『食品辞典 酒類編』か、三沢光之助さんの『世界の酒』があったくらいだった。それで、お店のお客様の自慢話を聞いて想像するよりほかになかった。増野正衛(ますのまさえ)さんの名訳『わいん』(アレック・ウォー著)が現れて、まさにワイン開眼をすることになるのだが、以後この本が僕にとってのワインの聖書となった。

一九六九年に念願のフランスに行くことになり、ちょうどそのころ出された浅田勝美(あさだかつみ)さ

かつてのパリ中央市場近くの「オー・ピエ・ド・コション」。今も豚足料理で知られる人気店

んの『ワインの知識とサービス』が、必携書に加わった。料理の方では、辻静雄さんの『舌の世界史』がガイドブックになった。そうした聞きかじり、読みかじりの知識しかなかった僕にとって、フランスとの出会いは、ただただ驚きの連続だった。「畳の上の水練」で自惚れていた男が、大海に投げこまれたようなものだった。机の上の知識を、現場での体験に照らして考え直すというのが、僕のワイン学習のスタートだったのである。

この章には弁護士になって十年目、まだ三十代だった僕の、そんな失敗と発見、笑いとオドロキのフランス体験記、九編を収めた。

この章に登場するお酒と人と料理など

ビイル
ペルノ
シャンベルタン
ロマネ・コンティ
クロ・ド・ヴージョ
ナポレオン
コニャック
クルボアジェ
クラレット
ポート
ボージョレ
フルーリィ
豚足料理
シャトー・レイヌ・ヴィニョー
シャトー・ディケム
羽仁進さん
シャトー・ラフィット・ロートシルト
シャトー・リューセック
エスカルゴ
カエル料理
クリュ・ボージョレ
シャンパン

ミシュランの星

東京・新橋のレストラン「小川軒」の手伝いをしていた一九六九年、本物の料理を勉強してこいと旅費を出してもらって、パリに行った。何もかもが珍しく、驚かされることばかり。ワインについてもカルチャーショック。本を読んだり、人から教わったりしたのとはだいぶ違う。肝心のレストランの方も、超一流に行ってみなければと、懐が寂しいのを気にしながら、当時名声を誇っていた３つ星の店を、ひと通り回った。

今は『ミシュラン』のガイドブックが日本にも進出しているから、外食に関心を持つ者なら誰でも知っているが、あの星数というのはもともと罪つくりなものなのだ。日本版も、初めの本はひどかったし、今でも個々の店の採点について異論を持つ食通は多いだろう。

何ごとにつけ、評価というのは難しい。もともとミシュランはタイヤ会社で（あのトレードマークのボコボコ人間はタイヤの積み重ね）、ドライブ旅行を普及させるにはホテルとレストラン案内が最適と考えて、出版業も始めたのだった。これが大成功して、フランス人と料理店、そし

食のガイド『ミシュラン』（右）と『ゴー・ミヨ』（左）。地方では『ゴー・ミヨ』のお世話に

てフランス旅行をする者にとって不可欠の存在になった。３つ星レストランだったのに、星数を減らされて自殺したシェフがいたくらいである。

強力になると弊害が生じるのは世の倣いで、どうしても権威主義的になる。ワインにおけるロバート・パーカーと同じで、その採点・評価に疑問が出てくる。そうして生まれたのが『ゴー・ミヨ』のガイドブック。こちらの方は権威ではなく、個性尊重主義。またその評釈の文章が、実に面白い。これに気がついて、途中から路線変更。今では地方に行くときなどは、もっぱら『ゴー・ミヨ』のお世話になっている。

それはそれとして、初めてパリへ行ったころは、『ミシュラン』を至高の教本として崇めたてまつり、片時も離さなかった。ことに３つ星の店は憧れの的、夢の世界だ。究極のフランス料理を極めるには、これに挑戦しなくてはと決心した。なにしろ当時は、ドルの持ち出し制限という枠があり、クレジットカードなど使える時代ではなかったから、懐を脅かす値の高さが最大の障壁、頭痛の種だった。

一九七二年になると、辻静雄さんの『パリの料亭』（柴田書店）が出版されて、大いに助けられた。それまでは、予約の仕方からメニューの読み方まで、わからないことだらけだったのだ。幸い英語は通じたからなんとかなったが、それでも『ポケット・フランス語辞典』と首っ引きだった。

『パリの料亭』辻静雄（柴田書店）。初版は1972年刊行。この本に著者は大いに助けられた

「マキシム」では内装のきらびやかさに目を輝かし、「トゥール・ダルジャン」では外の景色(ノートルダム寺院)に心を奪われた。そして「タイユヴァン」のインテリアのシックさ、「ラセール」の明るさに舌を巻いた。「ドゥルーアン」や「ルドワイヤン」などは、むしろ安心した。「ヴィヴァロワ」のモダンなインテリアは素敵だった。店の前でおそれをなして、足がすくんだり、中に入っても、下手なことをして笑われないかと内心はドキドキもの。若くて胃袋もタフだったが、それでも連日はきつかった。

ある日少しは胃袋を休めなくっちゃ、と入った1つ星レストラン「ル・ブルゴーニュ」の料理に感激。翌日は姉妹店の「シェ・レザンジュ」に行った。お上りさんや成り金は行かない、食通の店。シックで、古き良き時代のパリの雰囲気が残る。食事もこれ見よがしのところがなく、しかし、決して手を抜いていない。

誘ったパリ住まいの女の子とレストラン巡りの話をしていると、隣席の中年カップルが話しかけて来た。こちらはいささか鼻が高いつもりで、今まで行った「マキシム」や「ラセール」……と有名店をずらりと並べると、二人はゲラゲラ笑い出した。そして曰く。

「パリでおいしいものを食べたかったら、1つ星に行きなさい。3つ星だったら地方で行くんだ」

帰り際に名刺を交換したが、なんとそちらも弁護士。以来、四十年間、先輩の教えに従っているが、間違いではなかった。

ビールとビイル

パリの街を彩るのは「カフェ」。裏通りを少し歩くと、必ず一軒や二軒はある。カフェといっても、近所のオヤジ連中がとぐろを巻いていて、飲むのは決まって赤の安ワイン。「バロン」と呼ぶ小さな丸いグラスでチビ飲み、ガブ飲みとおしゃべりで、ひまをつぶしている。最近、フランスでワインの消費量が減っているのは、この手の呑ん兵衛（のんべえ）連中が少なくなったからだ。

カフェだから、もちろんコーヒーも出す。デミカップに少しばかり入ったやつで、恐ろしく濃く、苦くて口が曲がりそう。

「パリジャンの気持ちになりたかったら、ジタンかゴロワーズみたいな強いたばこを吸って、安い赤ワインとこのコーヒーに慣れることさ」

そう言われて、一生懸命味覚のトレーニングをしていた。

そんなある夏の日、すごく暑くて、のどが渇いた。日本なら水を飲む方法はいろいろある。しかし、パリではそうはいかない。ローマ人は都市を造ると、必ず水道設備を整えたものだったが（古都アヴィニョンにある有名な遺跡の「ポン・デュ・ガール」は水道橋）、フランス人はその点無神経だった。パリでさえ、昔はあまり清潔とはいえないセーヌ川の水を飲んでいた。セーヌの水を桶で運んで売る「水売り屋」がいたくらいなのだ。だから、喉が渇けば水の代わりに安ワインを飲んだ。

第二次世界大戦後、アメリカ人観光客がパリにどっとやって来た。彼らを見てパリっ子は、ワインを飲まずに水を飲むと、バカにした。一方アメリカ人は、レストランで水を頼むとミネラルウォーターが出てくるから、水がワインより高いと驚いた。フランス人が水を飲まないのは、生水を飲むと危なかった時代の名残である。

「水の中には小さなカエルが棲んでいて、うっかり飲んだらお腹の中に入り込み、中で育ってガアガア騒ぎ立てるから、とっても苦しいんだよ」と脅して、子供が生水を飲まないようにしていたぐらいである。

僕も、ミネラルウォーターがあることは知っていたが、高いというより、笑われるのが嫌で手を出さなかった。ところがカフェに行くと、たいていの店はテーブルの上に水の入った瓶が置いてある。なんだろうと思って気にしていたら、なーんだ。リキュールのペルノを割るための水だった。

イングリッド・バーグマンとハンフリー・ボガートが出ている、かの名画『カサブランカ』のラスト近くで、お巡りが飲みかけのワインの瓶をくず箱に放り込むシーンがあった。なんだろうと思ってもう一度映画館に行った。瓶に「ヴィシー」と書いてある。なんのことか、なおさらわからない。ずっと後になってわかったのだが、ヴィシーはリヨンの西北にある温泉町で、ミネラルウォーターを出していた。それだけでなく、対独協力政府があった。お巡りがこのミネラルウォーターの瓶を捨てたのは、ヴィシー政権と決別する意思を示したシーンだったのだ。

そんなことを知っていたわけではないが、ミネラルウォーターは敬遠して、あるカフェに飛び込んでビールを頼んだ。出てきたのは、赤くて甘い水の入ったグラス。「注文と違う」とボーイと押し問答になったが、埒（らち）が明かない。

ホテルに戻って調べてみると、なんと「Byrrh（ビイル）」というリキュールがあった。僕の発音が悪かったんだろうが、当時はカフェでビールを飲もうなんて男はいなかったんだろう。これも後で知ったんだが、同じ「被害」に遭った日本人がかなりいたらしい。もっとも最近はパリも変わって、若者はみんなビールを飲んでいる。

ビイル（Byrrh）は、南仏ルーシヨンで1866年に生まれた人気アペリティフ。様々なポスターが作られた（画像提供：ペルノ・リカール・ジャパン）

男の中の男のワイン

本場のフランス料理とはどんなもので、それを食べられるレストランを探すにはどうしたらいいのか？　フランス料理とワインに入門したての、一九六〇年代の話だ。そこは日本人だから、まずは本で調べようと考えた。そして、丸善の洋書部と相談して手に入れたのが、『ジョワ・ド・ラ・ガストロノミー』というデラックス本。眺めているだけでお腹がいっぱいになりそうな本だった。

前にも書いたが『ミシュラン』を頼りにレストラン巡りをしていたら、パリで出会った弁護士から3つ星なら地方でと言われて、星を頼りに一人でフランスの地方歩きを始めた。まずは、ブルゴーニュの入り口、「オステルリー・ド・ラ・ポスト（アヴァロン）」へ。

ナポレオン皇帝がお泊まりになったのがご自慢の、小さなホテル。そこのレストランは、当時食通の間でよく知られていた。そう広くない食堂は、アメリカ人の観光客で満席。ただ普段は賑やかなアメリカ人も、ここではおとなしかった。ワインリストを眺め、どうせならナポレオンにちなんでと「シャンベルタン」を注文した。

まだソムリエがいなかった時代で、オーダーを受けたボーイが喜んだ。アメリカ人は高いワインを飲まなかったんだ。勢い込んだボーイ君が埃だらけの古い瓶と、赤ん坊の頭くらいの大きなグラスをうやうやしく運んで来た。周りの席の驚きと疑惑と羨望の目、目、目……。

高貴な僧侶がまとう真紅の衣（ローブ）にたとえられる鮮紅色。信じられないような高い芳香、ビロードのように滑らかな口当たり。ワインが舌の上で踊っている。天気晴朗、気宇壮大。この世に一点の曇りもないような、爽快そのものの酔い心地。うーん、こういうのを偉大なワインと言うのだ。男の中の男をもって自認するナポレオンが愛飲したというのも無理はない。

もっともこのごろは、日本でも「男の中の男」と言われるような人には滅多にお目にかからなくなった。若者は草食系とやらでみんな華奢だし、女性でも酒豪が少なくないから、こんなたとえは時代遅れになってしまった。

「シャンベルタン」は、「ロマネ・コンティ」「クロ・ド・ヴジョー」と並んでブルゴーニュの三大名酒と評されている。そのうち「クロ・ド・ベーズ」がつく「シャンベルタン」は、ベーズ修道院のお坊さん達が、ジュヴレ村のそう大きくない畑から名声を呼ぶワインを造り上げたも

右：フランス料理の豪華本『ジョワ・ド・ラ・ガストロノミー』。丸善に注文して手に入れた　左：ナポレオンが泊まったという老舗ホテル「オステルリー・ド・ラ・ポスト（アヴァロン）」（同ホテルHPより）

のだ（石垣で囲ってあったから「クロ」がついた）。

それを見ていた「ベルタン」という名の農民が、それなら俺もとその隣の畑でワインを造り出したら、これも有名になった。ベルタンの畑（シャン）だから、名づけて「シャン・ベルタン」。そうしたら今度は、同じ村の農家連中が、その名声にあやかろうと自分達の造るワインに、村名とシャンベルタンをハイフンでくっつけて「ジュヴレ－シャンベルタン」と名乗る運動を起こして成功。さらには、酒商達がこの村産のいいかげんなワインを買いこみ、「ジュヴレ・シャンベルタン」の名前で売りまくった。

高名類似の安酒が巷にあふれたから、飲み手は疑惑の目で眺め、「シャンベルタン」の名声は堕ちた。今では、ＡＣ（原産地呼称管理制度）がやかましくなったから、ひどい酒は姿を消したし、ジュヴレという名のつく村名ワインにもなかなかいいものがある。

それでも本家本元のグラン・クリュ、つまり正真正銘の極めつきは、ラベルに「シャンベルタン」か「シャンベルタン・クロ・ド・ベーズ」と名乗っているものだけ。僕の飲んだのは、この真打ちのものなんだ。

いつ誰が言い出したのか定かではないが、シャンベルタンはナポレオンの愛飲酒で、戦いの中での食事にも欠かさなかったということになっている。もっとも意地の悪い英国の随筆家モーリス・ヒーリィは、「ナポレオンは、がつがつ飲みこむ早飯食らいで、味覚音痴だったし、ワインもあまり飲まなかった」と冷やかしている。もしそれが本当なら、多分皇帝をだしにして、幕僚達が飲んだんだろう。

ナポレオンのおかげで「シャンベルタン」が有名になったのは事実だが、このワインを生むジュヴレ村はナポレオンにそっけない。その身代わりというわけでもないだろうが、フィサンという隣村がナポレオンを大切にしていて、村の奥手の公園に銅像を建てたし、ナポレオンを賞讃する催し物をしている。また「クロ・ナポレオン」と銘打った畑まである。

それはともかく、ナポレオンはロシアに遠征し、栄光で飾られるはずだったモスクワ占領も大火で散々な目に遭い、ゲリラに痛めつけられ、ほうほうの体でパリに逃げ帰った。ところが数日後、これだけはとナポレオンが持って帰ったという「シャンベルタン」が、あるレストランでうやうやしく供された。この噂が広まると、あらま不思議、パリ中のレストランで「モスコー帰りのシャンベルタン」なるものがあふれたそうだ。多分、ナポレオン嫌いの連中が、それを飲んで鬱憤をはらしたのだろう……。

日本ではナポレオンと言えば、「ブランデー」があまりにも有名。一時は銀座のクラブあたりでもこれが流行り、目の玉が飛び出るような値段で紳士達の懐を寒くしたものだった。

一八一一年と言えば、有名なハレー彗星が現れた年で、ブドウは大豊作だった。さらにこの年、ナポレオン待望の長男が生まれた。そこに目をつけたのがブランデーの名産地コニャックの、名門クル

右：ナポレオンの「愛飲酒」シャンベルタン
左：コニャックに「ナポレオン」の名を初めてつけた「クルボアジェ・ナポレオン」

ボアジェ家。当主がナポレオンの侍従だった関係で、この年の名品として自社のコニャックを献上した。これが皇帝のお気に召して、宮廷御用達になった。以後、同社は自社の特上品を「ナポレオン」と銘打つようになる。この成功にあやかろうと、他もこぞって自社の特上品にナポレオンの栄称を冠するようになった。

まだ商標登録制度が不備だったから、他社が「ナポレオン」銘柄を僭称するのを止めようがなかった。それでも、フランスのブランデーの名産地コニャック地方では、名声を辱めないため、この地方の生産者団体が製品のグレードに熟成年を表示する規準を立てた（ＶＳとかＶＳＯＰ、または星の数）。だから今では、ナポレオンと表示されていれば、少なくとも六年以上樽熟成させたもので、各メーカーの上級品ということになる。ただし、これはコニャックとアルマニャック地方産のものに限られる。他の地方にはそうした制約はない。

これに目をつけたボルドーのずるがしこいネゴシアン（酒商）が、どこから集めたのか出所定かならぬワインを蒸留し、何年樽熟成させたのかわからないブランデーに麗々しく「ナポレオン」と銘打って売り出した。もちろん安い。これが日本にも入ってきたから、本物の「ナポレオン」を輸入している業者が文句を言ってひと騒動が起きた。買い手の無知につけこんで安物を売りまくっていた業者は、文句があるならフランスに言えと涼しい顔。

結局、この問題はウヤムヤになったが、まともな輸入業者はこんな安物に手を出さなくなったから、今では大半は姿を消した。それでもあまりに安い「ナポレオン」を売っているのを見かけたら、眉に唾をつけたらいい。見分けるのはいとも簡単。本物の方はラベルに「ナポレオン」だけでなく必ず「コニャック」とうたっている。イミテーションの方は、コニャックの表示がなく、ラベルの隅に小さく「made in France」の文字がある。

昔は男たることを自認する者、誰もがコニャックを痛飲したものだ。世界にブランデーなるものは数えきれないほどあるが、その香りの精妙複雑さ、気品と格調の高さで、コニャックの王位は揺るがない。上物は安くなかったから、贋物も生まれたわけだ。

案外なのは、コニャックの輸入国でかなりのものだったのが、アジアでは香港と日本。ことに不思議だったのは香港で、近くに紹興酒の産地があるのに、その方に見向きもせず、香港のセレブの男達は、中華料理にコニャックの極上品「XO」をガブ飲みしていた。香港は酒税がかからなかったから安いんだ。

英国の文芸評論家のドンで、気難し屋で有名だったサミュエル・ジョンソンは「クラレット（ボルドーの赤ワイン）は少年向きの酒、ポートは成人向きだが、英雄たらんとする者は、すべからくブランデーを飲むべし」と言った。このブランデーとは、もちろんコニャックのことである。

スープは「食べる」

フランス料理というものを知ろうとしてフランスへ行ったとき、まずレストランで最初にお目にかかるというか「対決」しなければならなかったのが、メニューだった。今の人は見たこともないだろうが、コンニャク版（ヘクトグラフ）というので刷ってあった。簡単に説明すると、まずメニューを濃いインクで書き、それをコンニャク様のものにかぶせて転写し、さらに別の紙をかぶせて、今度はコンニャクから紙に転写するという「印刷術」。

脱線ついでに、古いことを書いておく。謄写版（ガリ）というのは、日本人の大発明で、世界でこれを使った印刷物というのは、滅多にお目にかかれなかった。日本の学生がモスクワで撒いたガリ版刷りの反政府ビラが「高度の印刷機で刷った」と報道されたくらいだ。

コンニャク版でなく、レストランの親爺が腕を揮（ふる）って手書きしたものなどもあり、蛇がのたくったようで、読むだけでひと苦労。ご自慢の料理に、気取って勝手な名前をつけたりするから、ポケット辞典を持ち込んでカンニングしようとしても歯が立たない。ボーイに尋ねて、なぁーんだということも、少なくなかった。

だいいち「メニュー」という言葉が、まず面食らう。なぜかと言うと「menu（ムニュー）」

という言葉の意味自体が、日本とは違うのだ。「ムニュー」なるものは、その店の〝料理リスト〟の意味ではなくて、その店自慢の〝定番コース〟のことなんだ。フランスでも、田舎に行くと、このムニューなるものしかないという店がある。有名なシャトー・ホテル・チェーンの「ルレ・エ・シャトー」などがそうだった。

東京にもこれを真似たレストランが、何軒かあった時代があった。店主に言わせると「最高のものを、最高の状態で出したいから」。しかし、それは自分の勝手というもので、レストランは店主のためにあるんじゃなく、お客のためにあるんだ。

「ムニュー」を頼みたくなかったら、「ア・ラ・カルト」にすればいい。オードブル（前菜）の中から一品を選び、メインディッシュの中から一品選べばいいとわかったのは、かなり後になってからである。日本と同じように、前菜、スープ、魚、肉というふうに頼むと、量が多すぎて閉口した。

そのうちに気がついたのは、「スープ」がないこと。スープという字が出てくるのは「スープ・

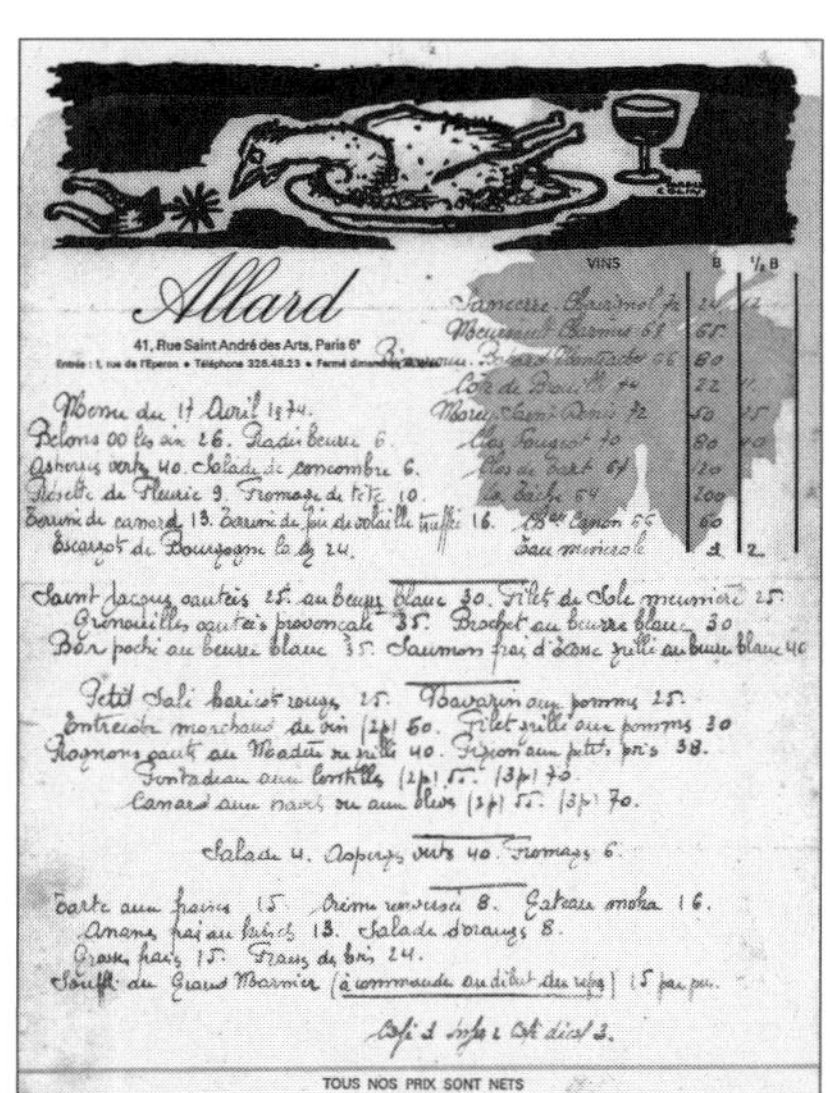

Allard

41, Rue Saint André des Arts, Paris 6e

VINS　B　1/2 B

TOUS NOS PRIX SONT NETS

パリ左岸、カルチェ・ラタンの名ビストロ「アラール」のメニュー。
手書きして、コンニャク版で刷った

ド・ポワソン」くらい。このスープなるもの、巨大な丼でお出ましになる。魚らしきものを使っていることはわかるが、魚肉がたたき潰されていて、姿を見せず、ものすごく濃厚。それになにしろ量が多くて、取り皿に移してくれたものをなんとか平らげると、ボーイが待ちかまえていて、お代わりをしろという。「スープ・ド・ポワソン」だけでお腹が一杯になって、次の料理に手をつけられない。店によって「ビスク・ド・オマール」という氏名不詳なやつが、誇らしげに載っていることがある。これはオマール海老を使った、高級「スープ・ド・ポワソン」だった。

日本人が考えるスープと同じものにやっと出会えたのは、スペインに行ったときだった。これはスープと言っても、スッポンのコンソメ・スープ。すごく熱々なものがまず運ばれてくるが、とてもそのまま飲めるようなものではない。しかし、そのうちボーイが出て来て、うやうやしく冷たいシェリーをスープの上に注いでくれるから、飲めるようになる。これはなかなか乙な味。

フランス人の友人に「スープ」のことを愚痴ると、

「フランスではスープと言えば家庭料理で、レストランでは出さないんだ。どうしても飲みたかったら探してやろう」

一週間ほどしたころに、やっと見つけた、と言って連れて行ってくれた。ブルゴーニュ地方の、ディジョンから車で二十分ほど走った田舎の旅籠(はたご)屋風の店。大きな陶器の壺の中におさまったのが、お出ましになった。「フランス風けんちん汁」というか、野菜のごった煮。なかなかおいしかったが、これも量が多い。これだと田舎の農民が重労働のあとで、空いたお腹をいっぱいに出来るわけだ。

　だからフランス人はスープを「すする」と言わないで「食べる」と言う。この辺りはスイス国境のジュラ地方のアルボワという町にも近い。赤ワインにしては薄いが、かなり色の濃いロゼワインが、地元おやじのご自慢。このスープにもぴったりだった。

　スープを飲むと言えば、昔は日本人は、スープ皿の手前の方を高く先の方を低く斜めにして、スプーンでスープをすくって飲んでいた。そのときスプーンを、口に対して直角に持ち、先の方から口に入れたものだった。ややこしいが、それが行儀作法・マナーというものだと教わった。

　ところがフランスに行くと、誰もそんなことをしていない。僕のやり方を見てなんでそんな面倒なことをするんだとゲラゲラ。口惜しかったから、日本に帰っていろいろ調べてみたら、日本風のやり方は、どうやら英国上流家庭のやり方を見倣（なら）ったものらしい。

　ついでに言うと、今でもホテルの結婚式のパーティーなどの正餐は、スプーンとフォークとナイフがずらりと並ぶ。どれから先に使うか、まごついてしまう。フランス高級料理店では、そんなことは絶体にやっていない。考えてみれば、食べ終わった皿はスプーン、フォークと共にボーイが下げにくるのだから、そのついでに新しいのを持ってくればいい。日本のやり方は、テーブルをデラックスに見せようという邪心なんだろう。

ワインを飲むルール

日本という国は、もともと自分でワインを造っていたわけではないから、ワインについての誤解があった。ワインというのは本来大衆の飲み物で、水が悪いフランスなどでは、都市の市民にとって日常の必需品だった。毎日のように飲むということになれば、高いものを飲めるはずがない。ただ王侯貴族や大商人のようなごく一部の人達だけが、手をかけて造った特別のワインを飲んだ。つまり、ワインというものは、安くて誰でも日常に飲めるのが本来の姿なので、高い上級品は例外的な存在なのだ。つまり、ワインにも「ハレ」のワインと「ケ」のワインがあるんだ。

ところが、日本では明治時代に入ってワインを飲むようになったが、ほとんどが舶来品で当然高かったから、一部の人達だけが、優越感で鼻を高くして飲んでいた。そのため、少し前まではワインにはやかましい「飲むルール」なるものがあり、少しワインを聞きかじった、自称ワイン通または専門家なる人種が、もったいぶってワインはこう飲まなければならないとか、こうしなければいけないとか、いろいろ七面倒くさいことを仰せたてまつり、素人の方は、はあそういうものですかと、かしこまって聞いたものだった。

そうした素人の一人である僕が、初めてフランスに行ったとき、フランス人のワインの飲み方なるものが、今まで教えこまれた話と全く違い、戸惑うというより驚かされた。

パリで赤ワイン（多分ボージョレだった）を知り合いのフランス人が冷やして飲んでいるのを見て、本当に驚いた。セーヌのほとりのかなり有名なビストロに行ったとき、冬だったので、かなり高い赤ワインが冷たかった。こちらは高い赤ワインは、シャンブレ（室温に温める）するものだと教えこまれていたから、少し鼻を高くしてボーイに苦情を言った（まだ小さな店にはソムリエ君などはいなかった）。にやりと笑ったボーイが何をするかと見ていたら、なんとストーブのところへ持って行って、温め始めたので開いた口がふさがらなかった。

「グラン・ヴェフール」と言えば、パリきっての高級レストランで、パレ・ロワイヤルにあり、高名なシェフ、レイモン・オリヴェさん（妻の鞠さんは日本人）が経営していた。ジョルジュ・サンドを始めとする有名な作家が座った椅子などがあり、一見してお客はセレブだった。この店に初めて行ったとき、胸をドキドキ、ワクワクさせて、どんな名ワインが飲めるんだろうかと意気込んで入った。ボーイが持って来たメニューには、見ただけで天国に来たような気持ちにさせられる料理が刷られていた。

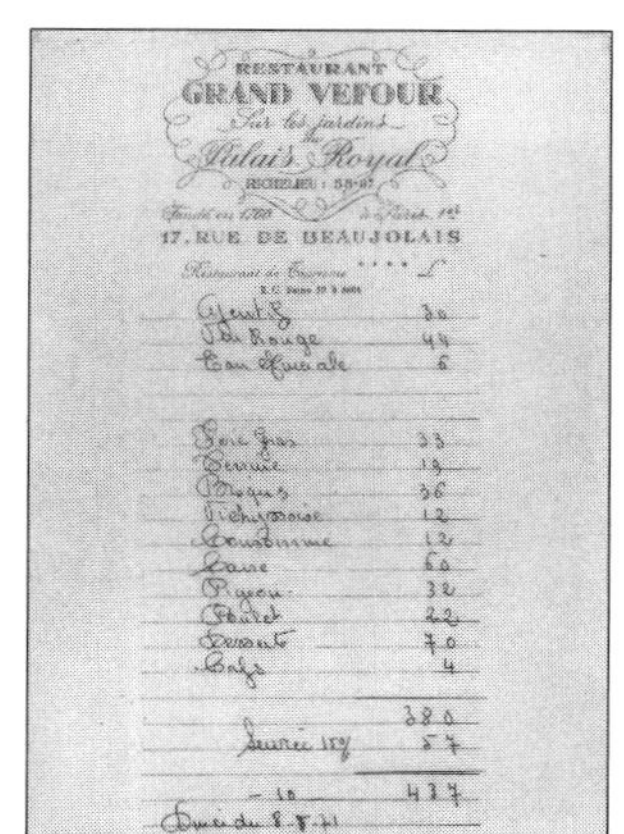

RESTAURANT
GRAND VEFOUR
Sur les jardins du Palais Royal
17, RUE DE BEAUJOLAIS

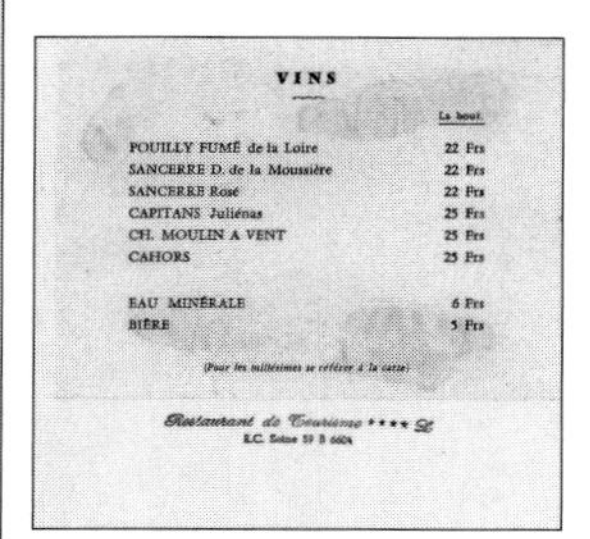

VINS

	La bout.
POUILLY FUMÉ de la Loire	22 Frs
SANCERRE D. de la Moussière	22 Frs
SANCERRE Rosé	22 Frs
CAPITANS Juliénas	25 Frs
CH. MOULIN A VENT	25 Frs
CAHORS	25 Frs
EAU MINÉRALE	6 Frs
BIÈRE	5 Frs

(Pour les millésimes se référer à la carte)

Restaurant de Tourisme ★★★★ L
R.C. Seine 59 B 6604

パリきっての高級レストラン「グラン・ヴェフール」のメニュー。左は料理、右はワインリスト。ワインは６種類だけ書いてある

ところがである。デラックスなメニューの表紙の裏に、葉書ぐらいの大きさの、白い紙が貼られている。なんだろうと見てみると、これがワインリスト。種類はわずか六種類で、値段もそう高いものではない。あちらこちらの客席を眺めて観察していると、ほとんどの客はそのリストでワインを注文している。どういうことなのかわけがわからなかったが、とにかくその日は僕も、そのカードからワインを選んで注文した。

何回か行くうちにわかったのだが、特に頼むと、別にワインリストがあって出してくれる。それはすごいもので、まさにグランヴァンのオンパレードだった。あまり極上のワインは、かえって料理の邪魔になると考えてのやり方だったのだろう。これは料理とワインの組み合わせについて、僕の狭い視野を拡げてくれた貴重な経験だった。

今はブルゴーニュ党だが、ボルドーにせっせと通っていた時期がある。当時はまだボルドーのシャトーはお高くとまっていて閉鎖的。他国者(よそもの)には滅多に扉を開けてくれなかった。そんなある日、サントリー社の紹介で、名門カルベ社を訪ねた。副社長自ら案内してくれて一応見学が終わり、帰りのご挨拶をしようとしたら、お昼をご一緒しましょうと誘ってくれた。本社のあるシャルトロン河岸から自宅のあるグラーヴまで、ボルドー旧市街を突っ切るのに、交通渋滞で小一時間かかった。シックな邸宅の庭でのランチ。ハムやサラミの加工品、シャルキュトリーとサラダのオードブルに、メインは子羊のグリエ。さらにはチーズにデザートのお菓子。しかし、ワインはトップクラスのグランヴァンではない。

一本目は日常消費用のジェネリックもの。次も、格付けシャトーに次ぐクラスのブルジョワ級。普段からすごいワインを飲んでいるのかと思ったら、そうではない。普段飲むデイリーなものと、特別な場合のものとをきちんと飲み分けていた。

楽しく話がはずむ中、日曜の礼拝の話が出て、お母上が、

「最近の子供は宗教心が薄くて」と嘆かれた。僕が、

「私の子供のころは、お月様にウサギが住んでいると本当に信じていました。今はロケットで月まで行ける時代ですから、子供に神様を信じさせるのは難しくて……」と言うと大笑い。

そうした席でのデイリーワインは、実においしいものだった。

話変わってブルゴーニュ。由緒あるネゴシアン（酒商）のブシャール・エイネ・エ・フィス社の、若いポール社長と意気投合して以来、彼は僕のブルゴーニュワインのお師匠さんになってくれた。ある日、自宅でお昼をごちそうになる機会があった。ビーフ・ストロガノフとフランス風パスタ。当然、ワインも出た。僕がどんなワインかラベルを見ようとすると、社長が言った。

「毎日すごいワインを飲んでいたら、たまにすごいワインを飲む楽しみがなくなっちゃうじゃないか！」

欧州のワイン愛好家が聖書と呼ぶ『新フランスワイン』（柴田書店、山本博訳）を書いたアレクシス・リシーヌも言っている。「フランス人にワインを飲むルールなどない。あるとしたらただ一つ。高いワインを飲まないということだ」

先入観に囚われることなかれ

ワインについての誤解には、原則と例外との取り違いという問題があった。昔は「安い」「高い」ということと、「若い」「熟成した」ということがセットになって誤解の種になっていた。明治生まれのわれわれのオヤジ達は、ワインは古くなければ駄目だと信じ込んでいた。

たとえば、夏目漱石の『坊っちゃん』や『吾輩は猫である』をマンガ化して人気があった日本画家の近藤浩一路さんが、『異国膝栗毛』を書いている。異人の生活との遭遇の驚きとか、旅先で重ねる数々の失敗談が、実に面白い。その中に、近藤さんの知人が、せっかくパリに来たんだからとフランス料理屋に行く話がある。ワインとやらを飲まなければならないことは知っていたから、古い年代物を注文する。ボーイがうやうやしく捧げて来た埃だらけの古色蒼然とした瓶に目を剝き、終わっての勘定書の高さに胆を潰す……。

僕にしても「ワインは古くなければおいしくない」という、予断偏見の教えで頭がコチコチになっていたから、フランスに行ってどうも話と違うのではないかと考えだした。迷信に痛打を与えてくれたのは、リヨンのレストランだった。

『異国膝栗毛』
近藤浩一路（東京小学館）

今では新酒(ヌーボー)のおかげで、日本でもボージョレを知らない人はいないが、今から四十七年も前の一九六九年、日本でボージョレを知っている人はあまりいなかったし、だいいち現物がなかった。知り合いの輸入業者に特注して手に入れたことがあるが、失望落胆した。当時、ワインの輸入は船便で、ヨーロッパからの直行ではなく、あちこちに寄港してくるから三ヵ月くらいかかった。その間に灼熱のインド洋を通ってくるのだ。今のように冷蔵(リーファー)コンテナなんかはなかった。

「リヨンには、三つの河がある。ローヌとソーヌとボージョレ」という、この町の人達のジョークがある。

リヨンはボージョレの大消費都市だった。だから、いいボージョレが飲める。また、グルメでも有名で、レストランの数も多い。地元の人のすすめもあって行ったのが「マリー・タント婆さん」の店。お目当てはワインではなく、名物料理「長ねぎの煮込み」。

当時は、フランス人の野菜料理というのをあまり信用していなかった。新鮮な野菜を煮込みすぎる。その最たるものが「アリコヴェ」。さやインゲンの煮込みで、日本で絶賛する人がいたのでパリで食べてみたがガッカリ。「アリコ・ヴェール」の略で〝緑のインゲン〟の意味なのに、緑どころか真っ茶色で、インゲンの味がなくなるくらい、クタクタに煮込んであった。

ところが、この店のねぎ料理は違った。実に柔らかだったが、新鮮さが残り、ソースのしみ込み具合が絶妙だった。それに合うとすすめられたワインが「フルーリィ」。ボージョレと書いてなかったから、ボージョレとは知らずに飲んだ。グラスに注がれたワインの色は、赤というより紫！　今まで嗅いだこともないような、強烈で人の心を捉える花のような香り。口に含むと生気が口じゅうにほとばしる。ウナッタ。こんなワインがあったのか、というより、これがワインなのかと、眉に唾をつけたくなった。

それまで英語のワインの本を読んで、しばしば「fresh and fruity」という言葉に出会った。それがどんなことを意味するのか、さっぱりわからなかったが、このとき初めてわかった。

ワインは米や麦のような穀物から造る日本酒やビールと違って、生の新鮮な果物から造る。だから「フレッシュ・アンド・フルーティー」というのはワインの本領物なんだ。生き生きとした生命の水がワインだとすれば、若いうちに飲まなくちゃあ！

もちろん、例外のない原則はない。ワインには若いうちに飲むべきものと、長く熟成させて熟成感を楽しむものとがあり、それは全く別の世界。古くなくては駄目だというのが間違いというより、ワインによるんだということをわからせてくれたのが、この逸楽の瞬間だった。

村名をラベルに表示できるクリュ・ボージョレの一つ「フルーリィ」。合計10の村名ワインがある

例外のない原則はない——ワインの熟女

パリの中央市場（レ・アール）と言えば、市街の中心近くにあり、決してきれいとは言えないが、活気のある場所だった。今は、市場はオルリー空港の方に移り、ここはフォーラム・デ・アールという若者のたまり場みたいになっていて、現代美術館のポンピドゥー・センターも建てられた。

豊富な食材が目の前にあるのだから、市場の周辺には小さなレストラン、いわばビストロがひしめいている。ジャン・ギャバンが、若い娘に恋をして翻弄される、情けない中年男を演じたミステリー仕立ての映画が『殺意の瞬間』。シェフ役のジャン・ギャバンが働いているビストロは、この中央市場にある「オー・グラン・コントワール」をモデルにしている。ジャン・ギャバンのシェフとしての包丁さばきはプロはだしで、お稽古を重ねたのかもしれないが、僕の義兄の小川軒の順さんも、肉の切り方に舌を巻いていた。

右：「豚足亭」の絵ハガキ
左：ジャン・ギャバンの映画『殺意の瞬間』のモデルになった「オー・グラン・コントワール」のメニュー

食材のことを知りたかったから、パリに行くと、いつも市場の周辺を歩き回った。有名だったのは「オー・ピエ・ド・コション（豚足亭）」で、その名の通り豚足料理が名物。名物料理と言っても、ただの豚の足の丸揚げ。豚足なるものに、初めてお目にかかった。不気味な姿におそるおそるかじりつくと、いまだ経験したことがないブヨブヨした舌ざわり。脂じゃない、ゼラチンだった。ふーん、豚の足はこんなもので包まれているんだ。お客はみんな楽しそうにかぶりついているが、大和男子向きの味じゃない。

ここのもう一つの名物は「オニオン・グラタン」、これも初対面。玉ねぎをしこたま入れた、今では日本でも珍しくなくなったスープで、溶けたチーズを盛った薄切りのパンが浮いている。フランス人は猫舌で熱いものは苦手だが、こればかりはふうふう言いながら食べている。

この店は深夜までやっていたので、芝居や映画がはねた後のお客がお腹ふさぎに寄るから、遅くまで混んでいる。どんなワインを飲んでいるんだろうかと辺りを見回してみると、アルザスの白。なるほど、ドイツ国境の寒いところのワインなんだ。もっとも、夏になると赤のボージョレとか、ローヌの強いワインが売れるそうだ。季節変われば品変わるか……。このスープは冬のパリの風物詩。夏には行く気にならなかった。

中央市場近くのモントルグイユにある、エスカルゴ料理の老舗の絵ハガキ

またパリでエスカルゴ（蝸牛）が食べたくなったら「レスカルゴ・モントルグイユ」という立派で、古い古い店があった。内臓料理には関心があったし、日本ではまず食べられなかったから、ノルマンディの内臓専門料理店の「ファラモン」にもよく出かけた。

パリで修業中の若かりし日の坂本信平画伯が、中央市場のそばの屋根裏部屋に住んでいた。あるとき彼が、「僕の住んでいるすぐそばに、汚くてちっぽけな店がある。いつも高級外車が停まっているから、客種がいいんだろうし、おいしいはずだ！」と言う。早速、行ってみた。

確かに小さくて、おそろしく古い店だった。二百年以上も前の古い建物を、手入れして使っているとのこと。細長い一階はバーカウンターになっていて、いわゆる「カフェ」風。しかし奥に鉄製の螺旋階段があり、それを上ると二階は小ぶりだが、まっとうなレストランになっていた。インテリアも古く、シックで全体に気品がある。料理も乙で、さすがパリと言えるものだった。

なにしろ狭い店なんで、隣席のテーブルもすぐ目の前。若いけれど身なり正しく、それも安物ではないのを着ているカップルが、静かだが、楽しそうに食事をしていた。その二人がゆっくりと飲んでいるグラスのワインの色が、尋常でない。輝かんばかりの黄金色。かなりの年代物のはず。どうしても、そちらにチラチラ目がいく。二人が食事を終えて席を立つとき、男の方が、そのワインの瓶を僕のところに持ってきて、

「残り物ですがどうぞ。飲みたいんでしょう。顔に書いてある」。有難く頂戴した。

一緒に行った義兄の順さんが、飲み残しをもらうなんてみっともない、意地汚いぞと止めた

が、好奇心は抑えがたい。一口飲んで驚いた。今まで飲んだこともない味わいだった。色も見事なら、香りも神秘的。味は甘露そのもの。舌の上を絹のように滑り、酸が引き立て役。砂糖や蜂蜜では決して出せない、熟した果物の結晶のような甘さ……。極甘口らしいが、甘さが決してくどくない。枯淡に近くして生気があり、味わいの精妙さはまさに絶品。

煤らしきもので真っ黒になっていてラベルが読めない。ハンカチでそっと拭うと「レイヌ・ヴィニョー」の一九二五年もの。かつては「シャトー・ディケム」に劣らぬソーテルヌを出していた名門ポンタック家のシャトー。イケムの西手の小高い丘の頂上にあり、畑は多彩な小石をぎっしり敷きつめたような奇観。ここのご主人は畑の貴石のコレクションで、専門家には知られていた。一九六一年にポンタック家はこのシャトーを手放し、それを買ったメストレザ社が経営合理化を図ったため、名声は堕ちた。

この瓶は名声を誇った時代のものだった。気品ある香り、滑らかなきめ、酸と甘みの絶妙のバランス。実に見事な熟成。まさに往時の名声を裏切らないものだった。それまでソーテルヌの貴腐ワインをさほど評価しなかった僕が、以後長く、このワインに惚れこむようになり、ワインの熟成ということに、ことさら気を使うようになったのは、この一本の瓶からである。

上は若いカップルにもらった「煤らしきもので真っ黒になっ」た「シャトー・レイヌ・ヴィニョー」の1925年もののラベル。左はその現在のボトル

逸楽のとき

サザビーズのワインオークションが日本で初めて開かれたとき、オークションにかけられた「シャトー・ラフィット・ロートシルト」のワインにケチをつけた人がいた。当時、日本のワイン界ではかなり有名な人で、問題にした点にそもそも問題があった事件だったが、その人の名誉のために名前は伏せる。ただ、リコルク（コルク栓の打ち換え）が問題だったので、その実情を知るために、オークションを催した西武デパートの依頼で、フランスはボルドー地方の五大シャトーの一つ、シャトー・ラフィットを訪ねることになった。

ボルドーのワインは寿命が長い、というより一流品のボルドーは、二十年以上瓶熟成させないとその真価を発揮してくれない。しかし三十年を過ぎると、コルクの方がボロボロになる。そのため、もっと寝かせようというときは、コルクを新しいのと取り換えなければならない。しかしなにしろ古いワインだから、下手をすると台無しにしかねない。このコルクの打ち換え、つまり「リコルク」には、かなりのノウハウと熟練の技を必要とする。それを教わりに行ったのだ。一九八五年のことで、こんな事情でもないと、とてもこのシャトーには入れなかった。僕にとっては、この上ない幸運な事件だった。

シャトーの庭はデコラティブなところがなく、どちらかというと清楚で美しく、ちょうど藤の花が満開で実に優美だった。建物の中はシックそのもの。「赤の部屋」には、普仏戦争（一八七〇～七一年）で勝利したプロイセンの鉄血宰相ビスマルクゆかりの、インクじみのついた机がさりげなく置いてある。宰相は、払えそうもない賠償金をフランスにふっかけて、そのかわりにアルザス・ロレーヌの獲得をもくろむ。ところが、後にこのシャトーの持ち主になったロスチャイルド家が、お金を調達してしまったため、あてがはずれて激怒し、握り拳を机にたたきつけた。その勢いでインク瓶が倒れ、しみがついたのだ。

この訪問のころ、羽仁進さんが監督したアフリカの動物物語が、ヨーロッパでもテレビ放映されていた。一緒に行った羽仁さんを、シャトー側が大歓迎。シャトーで正餐をいただけることになった。

同じフランス料理と言っても、町場のレストランと、家庭でのご招待料理は同じではない。オードブルには、ハムやサラミの加工品シャルキュトリーか、サラダっぽいあっさりしたものが一品。その後に軽い魚料理（オードブルが重いとこれが出ないこともある）、メインはお肉。こちらにとって難物だったのは、サービス法。執事かメイド長が、大皿に切り分けて盛った料理を、

1855年のメドックの格付けで、一級の筆頭とされた「シャトー・ラフィット・ロートシルト」。この円形セラーは1987年に完成。2200樽の収容能力を誇る

うやうやしく捧げて現れ、客の背後に立って差し出す。客の方はこれを自分で取って、自分の皿に移す。手元がくるって失敗したら、それこそ大変。どうしてもコチコチに緊張するから、なおさら手の動きがぎこちなくなる。一皿を食べ終えると、必ずと言っていいくらい、もう一度大皿を捧げて来て、お代わりを目くばせする。断っては失礼にならないかと、こちらはとまどう。

このときのメインは、子羊のグリエ。レストランのように、シェフご自慢の濃いソースがかかってなくて、あっさりしたグレーヴィ。ワインは、最初の白が「グラーヴ」。驚くようなものではなかった。赤の一本目は、このシャトーのセカンドワインの「カリュアド」。二本目の真打ちは、やはり「ラフィット」で、一九六五年産の二十年もの。地下蔵から出したはずだがそう冷えてなく、しかもデカンターに移して数時間室温化してあったから、香りはグラスの中で満開になった。二十年間寝かせてあったから、熟成は絶妙。しかも生まれた地下蔵で保存していたので年数のわりに生気があった。

「ラフィット」は、最近のアメリカ人好みのリッチ、ヘビー、パワフルで押しつけがましい性格のものとは無縁で、繊細、気品、優雅さを誇りとする。その長所が、見事に生きていた。デザートには、このロスチャイルド家がソーテルヌに所有している「シャトー・リユーセック」の甘口もの。長い人生で、かくも逸楽の時間をもったことはそうはない。

ワインで変身

ブルゴーニュへ行きたしと思えども、そう簡単じゃなかった時代、パリのレストラン「ル・ブルゴーニュ」に通った。ブルゴーニュが「美食の王国」だと知るのは、かなり後になってからである。ブルゴーニュの名物料理といえば、エスカルゴ(蝸牛)。これはパリの中央市場近くの老舗「レスカルゴ・モントルグイユ」で、その極めつきというのを食べた。想像していたよりおいしかったが、驚くほどのものではなかった。「ジャンボン・ペルシ」(パセリ入りハム)は、ブルゴーニュ党の人々は大喜びするが、こちらもそう有難いとは思わなかった。

幼いころ虚弱児だったため、母が定斎屋(売薬行商人)から買った干物の粉を飲まされていた。それで赤ガエルのことは知っていた。戦後、まだ農村だった鶴川村(現・町田市)に住んでいたころ、田圃の横の小川で赤ガエルを探しては食べた。たくさんいる殿様ガエルはまずいが、赤ガエルの塩焼きはうまかった。そうしたキャリアがあるので、カエルのフランス料理はあこがれの的だった。だから、どこのレストランに行っても、メニューで見つければ必ず注文した。

当初の感激が薄らいだころ、ボーヌの「ル・ブルギニョン」で出てきたのには、固唾を飲んだ。深皿の中におさまったカエルは、一見変わりがないようだが、二層仕立てになっている。上側はグリエ（焼きもの）だが、下の方はクリーム仕立て、つまりグラタン風。カエル料理には焼くのと煮るのと二通りあるわけだが、その両方を一度に食べられるというアイディア。その発想にも感心したが、味の方も悪かろうはずがなく、うなった。まさに伝統と職人技の結合だった。

ブルゴーニュっ子のご自慢の魚料理は「クネル・ド・ブロシェ」。直訳すると「川カマスの肉団子」ということになるが、川カマスのハンペンと言った方がわかりやすい。この魚はブルゴーニュのあちこちにいるが、大きなやつは一メートル近くにもなる。名物料理だから、ブルゴーニュのレストランに行くと、たいていお目にかかれる。店によって調理にバリエーションがあるが、魚食民族の一員の僕にとって、おいしいことは確かだが、どうももう一息という感じだった。しかしブルゴーニュの誇る３つ星レストラン「ラムロワーズ」のものは絶品だった。

ブルゴーニュワインの中心、古都ボーヌにある「オテル・デ・ラ・ポスト」のレストランは、昔は腕のいいシェフがいた。まだ日本人が珍しかった一九七〇年代の初めだから、行くたびに話し込んで仲良くなった。「何か珍しいブルゴーニュ料理を出してくれ」と頼むと「それならウフ・ブルギニョン（＝ウフ・アン・ムーレット）があるさ」。

「なにさ、それ？」「まあ、待っていなさい」。出てきたのは、かな

著者のあこがれの的だったフランスのカエル料理。焼く、煮るの２通りある

り大きな平皿に濃い紫色のソースだけ。ただ白い塊が四つ漂っている。何だろう？　とフォークでつついてみると半熟卵。ふーんこんなものが、とスプーンですくって口に入れてみた。うーん、卵の赤ワイン煮なんだ。しかし卵であって卵でない絶妙の味。ソースがすごい。かなり塩辛いのだが、塩の味ではない。再三再四、舌で確かめ、頭をひねったがどうしてもわからない。

シェフが出てくるのを待ち構えて尋ねると、ニヤッと笑って、

「赤ワインを煮詰めたんだ。この一皿のためにいいワインを二本も使った。それも朝から四時間もかけてな」

どんな塩を使ったのかと尋ねると、首を振って「使っていない！」。どうしたらこんな塩味が出るのか、そのときは不可解だった。ずっと後になってわかった。ボージョレのモメサン社のノワイエさんとクリュ・ボージョレ（村名ボージョレ＝ボージョレの特級）を十本ほど試飲したとき、確かにどれにも塩味を感じた。僕はそれを指摘したが、ノワイエさんは首を横に振る。いろいろ話してわかったことだが、僕が塩味と感じたものを、彼はミネラル風味と呼んでいたんだ。

これも後でわかったことだが、この卵のワイン煮は、ここだけの特別料理ではなかった。シャンパーニュ地方のランス市の大聖堂（カテドラル）の裏に「ヴィニュロン」という地元料理専門の小さなレストランがある。各社のシャンパンをずらっと揃えている素敵な店だ。ここに「ウフ・シャンパン」という同じような料理があった。使っていたのは赤ではなく、泡が立たないシャンパーニュ地方の白ワインだったが、これもなかなかに乙だった。

第2章　僕の修業時代～アメリカ&イギリス編

この章について

フランスに初めて渡った翌年の一九七〇年、四十日間のアメリカ巡りの旅に出た。戦前の日本人のアメリカに対する知識はお粗末そのものだったが、終戦直後の「尊敬時代」が過ぎると、今度はまたもや軽蔑時代に戻った。かく言う僕も、この巨大な国に対して実に無知だった。旧世界のフランスと、この新世界との違いもまた大きかった。

当時のアメリカではワインはほとんど飲まれず、食の方もマクドナルドが人気になり出したという段階。テレビでグルメ番組を流すようになるまでのアメリカは、粗食・量食の国だった。その後何回もアメリカに渡ったが、時代とともに洗練されていき、ニューヨークには「ラ・カラベレ」のような本格的なフレンチや、国連ビルのあたりの洒落たビストロも現れ出した。それにともない、ワインも普通に飲まれるようになった。その発展ぶりが、日本と比べて実に面白かった。

英国ではワインはできないから、もっぱらフランス、スペイン、ポルトガルから輸入し、それによって「ワインの比較」という思想も生まれた。つまりワインジャーナリズム

OYSTER MENU
BAR/RESTAURANT SATURDAY, JANUARY 16TH 2016

魚好きのニューヨークっ子でいつも賑わっている「オイスター・バー」のメニュー

が発達したのは、フランスではなくて英国だったのである。フランスワインを知るには英国人が書いた本を読むことが不可欠で、いつか英国にも行ってみたいと思っていた。その訪れるきっかけを作ってくれたのは、ワインではなくてウィスキーだった。

百軒くらいあるシングル・モルトの蒸留所のうち、五十軒ぐらいまでは見てきた。同じ旧世界でありながら、フランスとは飲酒事情が全く異なっている。意外な副産物はビールで、エールの大ファンになった。ラムやカクテルも、アメリカよりは英国で教えられることのほうが多かった。シェリーとポートもそうだが、これは後の章でふれることにする。

この章に登場するお酒と人と料理など

開高健さん
目玉焼き
Tボーンステーキ
アイスワイン
ナマズ料理
シャルドネ
ロマネ・コンティ
フィッシュ・アンド・チップス
シングル・モルト・ウィスキー
ブレンデッド・ウィスキー
ジン
エール
ラガービール
グレンフィディック
ハギス
カルヴァドス
シードル
テキーラ
ラム
マティーニ
チャーチル首相
ヘミングウェイ
ギブソン

開高さんのソフト・シェル・クラブ

開高健さんとワイン、と言えばなんと言っても『ロマネ・コンティ・一九三五年』（文春文庫）が有名で、海外でも読まれている。世界最高といわれるワインも、歳をとると、あるいは保存が悪いとボロボロになるという、ワイン愛好家にとってショッキングな本だった。文中で主人公（開高さん）のお相手をしているのが、「サン・アド」の坂根進さん。当時の日本で、トップクラスのワイン貯蔵・愛好家だった。その坂根さんと「ワイン・クレイジー・クラブ」を自称するワイン会を毎月やっていた関係で、開高さんともよくご一緒した。開高さんは実に豪快な飲み手で、ウィスキーもワインも、全く見事な飲みっぷりだった。

開高さんとワインを飲むと、料理の話はどうしても肉ではなく魚になった。なにしろ長編魚釣り遍歴記『もっと遠く！』（朝日新聞社）や『オーパ、オーパ!!』（集英社）を書いたくらいだから、魚料理についての蘊蓄（うんちく）は並たいていのものではない。特有の漢字表現用語と、流暢洒脱な文が写真と組み合わさった、旅行文学の大傑作。話がまた滅茶苦茶に面白い。開高さんは文だけでなく卓越した話し手で、熱をもって喋りだすと、誰もがその話を本当だと信じてしまう。

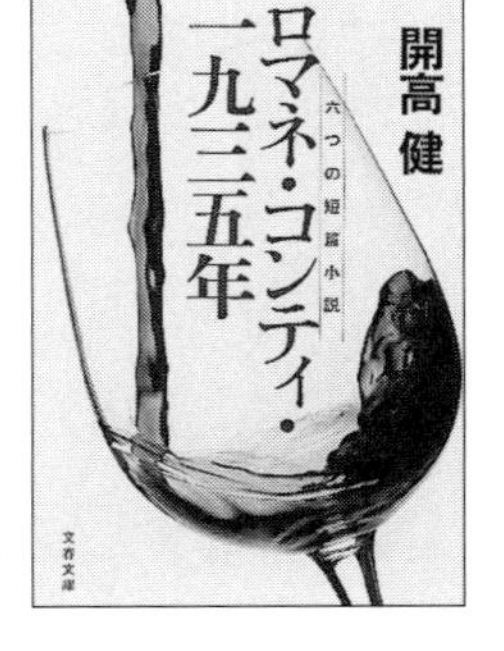

『ロマネ・コンティ・一九三五年』
開高健（文春文庫）

その開高さんが、ニューヨークで一番うまかったのは「ソフト・シェル・クラブだ！」と言う。クラブといっても倶楽部ではなくて「カニ」だ。話の舞台はニューヨークの「オイスター・バー」。開高節で言えば、食べたらおいしくて、

「しばらく阿呆みたいに口を開いたきりであった。海の魔法だよ。これは」。ここの魚料理は、

「これまでの私の予想・期待・幻想を軽く突破して楽々と飛翔していった」のだそうだ。

そのおいしさぶりの描写、話しっぷりが、あまりにも真に迫っていた。僕も「一度は食べなくちゃあ」という気になって、ニューヨークに行ったとき、寄ってみた。胸をわくわくさせ、ひとくち口に入れたところ？？？　失望、落胆、なんだこれは？　わざわざ食べに行くほどのもんじゃない！　脱皮したてのカニを柔らかい殻ごと料理すると、殻の中の海の果汁そのものが流れ出さず、絶妙な味になるというのが開高節だった。

しかし考えてみれば、苦しんで脱皮したてのカニの身がうまいはずはない。脱皮という苦難のショックで、身が虚脱状態になっているんだ。開高さんはなんであんなことを言ったのか？　自分が食べてまずかったもんだから、他人にもその失望を味わわせてやれという開高さんの陰謀だったのか？　名調子にたぶらかされた口惜しさに、いつかとっちめてやろうと考えていたが、そ

若き日の開高健氏。文章だけでなく卓越した話し手だった

うする前に天国へ召されてしまった。後に、その道の通という人にこの話をすると、脱皮する前、一生懸命栄養をとるから、おいしいということもあり得ると悟された。それより、というよりその代わりにこの店で絶妙だったのがチェリー・ストーン。大ぶりのハマグリで、貝の内側が桜色をしているから、その名がついた。あんなうまいハマグリは、後にも先にも食べたことがない。

その海鮮料理で有名な「オイスター・バー」は、ニューヨークのグランド・セントラル駅構内にある。美食探偵「ネロ・ウルフ」の物語を翻訳したときに知って、ニューヨークに行くたびに寄った。肉に飽きたニューヨークっ子が魚を食べたくなると行く店だ。多くの人が利用する中央駅の中にあるから、いわば大衆向きの駅食堂なので、すごく広い。確かに高級店ではないが、料理はお粗末ではない。魚好きのニューヨークっ子のメッカ的存在。ここの料理は、一冊の本にまでなっている。アメリカ人が魚をどうやって食べるかの、見本のような店。

この店の面白いのは、他のレストランがまだビールかウィスキーしか出していなかったころからワインを出していたことだ。一九七〇年に行ったころは、薄い新聞紙のような紙にコンニャク版でワイン名を刷ったみたいな、粗末なワインリストがあった。ほとんどがフランスワインだった。その十年後に行ったときは、アメリカのワインがかなり増え、二十年後には、ほとんどがアメリカ産になっていた。自国製品の購入を呼びかける「バイ・アメリカン運動」のおかげも大きい。飲み手が声援を送れば、造り手もやる気を起こす。カリフォルニアワインが頭角を現したのもそのおかげ。日本ワイン党としては、見習いたいのだが……。

サニー・サイドはアップかダウンか？

一九七〇年に初めてアメリカに行ったとき、一応通訳の資格も持っていたから、言葉で心配することはないと思っていた。ところが違った。ことに日常の、ごく簡単な会話が問題だった。

ホテルから外に電話をかけるのに、交換台があった時代。交換手に相手方の電話番号を教えると、何か言っている。「ハング・アップ」と叫んでいるんだ。なんのことだろうと戸惑っていると、叱られた。受話器をいったん切れと言っていたんだ。

朝のコーヒーを飲もうとスナックに行ったら、太ったお姉ちゃんがカウンター越しに「ワイブレ、ワイブレ！」と大声で怒鳴っている。これも後でわかったんだが、パンに白いのと茶色いのがあり、「ホワイト・ブレッド」にするかどうか尋ねていたんだ。

ワシントンに高級朝食店があって、温かいものを出すカウンター越しの厨房の前に客が並んでいた。卵料理のところで「アップ・オワ・ダウン？」と尋ねられた。何のことだかさっぱりわからない。それで、ちょっと列から離れて他の客の様子を見てみた。それぞれアップとか、ダウンとか言っている。普通の目玉焼きが「サニー・サイド・アップ」なんだ。卵の黄身を太陽に見立てたわけで、黄身が上になる片面焼きが「アップ」だから、ひっくり返して黄身側も焼いたやつが「ダウン」というわけ。

　ボストン市のちょっと高級なフレンチレストラン。メニューを眺めながら何を注文しようかと迷っていると、ウェイターがやって来て、

「フレンチ？　ロック・ホール？　サザン・アイランド？」

なんで、こんなとこで「フランスか？」「岩の穴か？」「千の島か？」なんて聞いてくるんだ？　尋ねるのも面倒なので、フレンチと答えた。あっ、そうだ。そういえば、サラダのドレッシングにサザン・アイランドというのがあった。サラダにかけるドレッシングが、三種類もあるのがご自慢なんだ。もっとも、そのフレンチドレッシングなるもの、色はピンクでドロドロ。およそフランスのサラダ・ドレッシングとは、縁もゆかりもなさそうなおぞましい代物だったが。

　同じ料理だが、国によって呼び方が違うために面食らったこともしばしばあった。ことに英語に慣れている人でも失敗するのが「スィート・ブレッド」。これを「甘食パン」と訳した翻訳家がいた。しかしこれはフランスの「リード・ヴォー」で〝子牛の胸腺〟のこと。フランスの食通はこれがお好みで、僕のフランスでの通訳、中野好人君はメニューにあれば、見逃したことがない。誤訳というと、人のことを笑っていられない。僕も一度大失敗したことがある。

　キングズレー・エイミスの本の中で、最近のロンドンのパブの堕落ぶりを、嘆いたくだりがあ

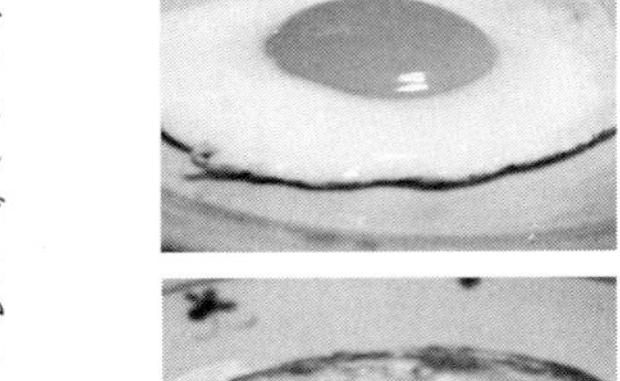

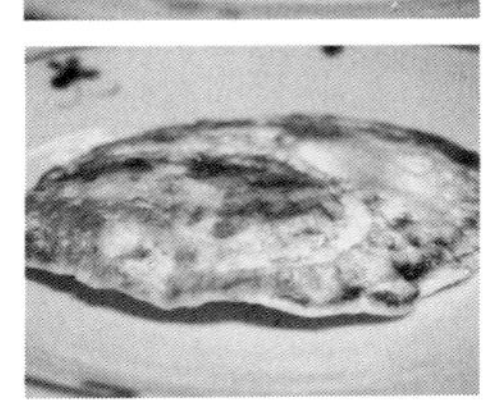

普通の目玉焼きが、サニー・サイド「アップ」。裏返して両面を焼いたのが「ダウン」

った。パブの「フルーツ・マシン」が騒々しいというのだ。訳し方に迷って「果物自動販売機」と訳しておいた。これが本になって、友人の翻訳家に大笑いされた。なんと、スロット・マシンのことだった。僕はスロット・マシンなどやったことがないんで、果物の絵が並んでいることを知らなかったんだ。

「カスレ」というフランスの地方料理がある。地方によって材料や調理法が少しずつ違う。ふた昔前、六本木にレストラン「イル・ド・フランセ」があった。そのシェフ、アンドレ・パッションさんが南仏生まれだというので、「カスレ」を作ってもらった。白インゲン豆を豚や鴨などと煮込んだもので、確かにおいしかったが、そう驚く料理でもなかった。その後、南仏のラングドックやルーシヨンへ行って、あちこちのレストランで食べたが、パッションさんの作った方がおいしかった。ただ、合わせて飲んだ地酒とはものすごく合った。

東海岸のボストンは、名探偵スペンサーが活躍する街で、美食でも知られている。ことに、この「クラム・チャウダー」はアメリカ人ご自慢のもの。もう一つ有名なのが「ベークド・ビーンズ」。本にはとてもおいしいと書いてあるので「焼いた豆」ってどんな味だろう、一度食べてみたいと思っていた。ボストンに行ったら、レストランのメニューに載っていた。お出ましになったのを見たら、なーんだ。インゲン豆の煮込み。フランスの「カスレ」と同じもの。ただ、表面を焦がしてあるからベークドなんだ。味はなかなか乙で、アメリカの料理としては出色。合わせて飲んだニューヨークワインも悪くなかった。アメリカ料理と言ってもバカにできない。

赤身のビフテキもわるくない

日本人は、おらが国の牛肉を世界一だと思いこんでいる。いや思いこまされている。これは島国的発想、思いこみ。確かに霜降り牛肉はおいしいし、すき焼きにはぴったりだ。しかし、刺身のことを考えてみるとわかる。今では、大トロ、中トロがおいしいということになっていて、寿司屋では身分不相応の高値がついている。しかし、昭和の初めごろまでは、刺身というと赤身に決まっていたもので、トロは下賤の食べ物として、上流階級とか気位の高い人は口にしなかった。今でも、赤身の方が寿司らしくていいと（値段のことは気にしなくてすむ人で）トロに手を出さない人がいる。

アメリカ大使館に、人物交流室というセクションがあり、ご縁があってそこのあるお方と知り合いになった。その人に頼みこんで、僕と全逓（当時）という労働組合の城戸さんと二人で、アメリカに行った。一九七〇年、約四十日間、ワシントン、ニューヨーク、シカゴ、デンバー、サンフランシスコ……。それまで、何人もの労働組合幹部が、日米親善のためにご招待で行っている。僕の場合は、全部自費。ただ、訪問したいところは全部アポイントを取ってもらい、通訳は米国政府で働いている、ベテランの山上さんをつけてくれた。

この人は、アメリカ生まれの豪快な男子。ただ、日本に来たことはない。北杜夫さんがアメリカ旅行記『月と10セント』を書いたときに通訳をした人だ。この人のおかげで、アメリカ社会の実態、ものの考え方や人情というものが、実によくわかった。日本人がいかにアメリカ人を誤解しているか、目から鱗が落ちた。労働省（当時）の次官クラスの人達までが、日本の大したこともない二人の若者のために忙しい時間を割いてくれて、実にフランクに、聞きたいことに答えてくれた。アメリカという大国の外交政策と、個々のアメリカ人を混同してはいけなかったのだ。

訪問先はほとんどが大手・中小の労働組合で、それぞれ歓迎の食事会をしてくれた。連日である。それも決まってというように、メインは牛肉のステーキだった。しかもその大きさと厚さが尋常でない。残したら失礼になると思って一生懸命平らげた。若かったから出来た話で、今はやろうとしても出来ない。初めの十日間ぐらいは、まさに難行苦行の思いだったが、そのうち変ってきた。というより、これだけの量の肉を毎日食べるとなると、赤身の肉でないと無理だろうということがわかったのだ。それとまた、赤身の肉のおいしさに開眼させられた。

当時、ニューヨークなどには「ワンダラーステーキ」という簡易食堂があった（二十年くらい後になったら「テンダラー」に変わっていた）。アメリカ人はそこで、日本のラーメン屋的感覚でステーキを食べていた。値段からして、いい肉を使っているわけはないが、決してまずいものではなかった。それに黙っていても、よく火の通った「ウェルダン」を出してくる。客を見渡して見ても「レア」で食べている人はいなかった。

フランスにしばしば行くようになったとき、日本の一膳飯屋のような安食堂を探して、定番料理の「ビフテック・オー・ポム」を食べた。ステーキそのものはアメリカとそれほど変わらないが、つけ合わせの「ポム」、つまりポテトフライの方は、フランスならではのものだった。軽いオードブルがつくことと、安いグラスワインが飲める点も、アメリカと違っている。タクシーの運転手のたまり場になっているような店が、うまかった。パリの中央市場（レ・アール）周辺にそうした店があった。焼き方はどこもみな「ウェルダン」である。

ずっと後になっての話だが、ルノーの工場を見学に行ったことがある。お昼時になったので、社員食堂に入った。ここも定番は「ビフテック・オー・ポム」だった。ところがである。まず簡単なサラダ風のオードブルが出る。それに、パン（これがうまいバゲット）とバターとチーズ。そして一杯のグラスワイン。そこまでは驚かなかったが、メインが終わった後で、立派なデザートがついた。日本円にしてわずか四百〜五百円くらいのランチなのにである。フランス人というのは食事の後に、甘いデザートを食べないと、食事をした気になれないんだということがよくわかった。

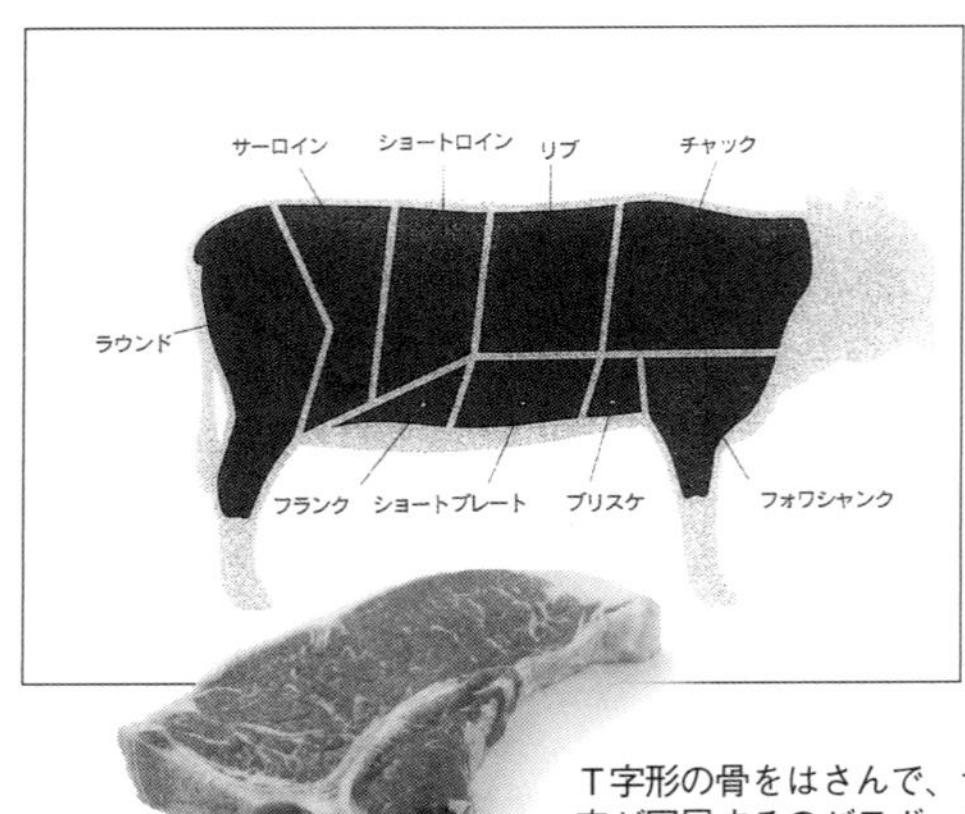

T字形の骨をはさんで、サーロインとフィレ肉が同居するのがTボーンステーキ。
2種類の味が同時に楽しめるという優れもの

アメリカの牛肉料理が、うまいかまずいか話題になったとき、通訳の山上さんが、それならあそこに行かなくちゃあ！　と案内してくれたのがワシントンＤＣの郊外。立派な一軒家で高級店風。Ｔボーンステーキの名物店だった。それまでに牛肉料理なるものは一応食べてきたつもりだったが、これには驚かされた。言ってみれば「Ｔの字形の骨のところのステーキ」。大皿に大きな塊が出てくるが、食べるところはいくらもない。ところが食べてみると、うまいのなんのって。日本に帰ってきて、あちこちの店で頼んで出してもらったが、この店ほどのものはなかった。アメリカは広い。バカにしてはいけないんだ。

若かりし日のアメリカ行脚のこの時代、アメリカ人はワインを飲まず、バーボンで食事を流しこんでいた。しかも水割りでなく、ストレートで。ただ、そのＴボーンステーキの店にはワインがあった。カリフォルニアの「イングルヌック」で、アメリカでもこんなワインが造れるものなのかと感心した。アメリカには本業の関係でその後しばしば行くようになったが、レストランとワインの変貌ぶりは著しい。ことにニューヨークはそうである。ただ、今にして思うと、四十年くらい前はかなりプリミティブだった。印象的だったのは、少し高級志向の店は必ずと言ってよいほど暗かったことだ。穴倉のような部屋で、蠟燭の灯りで食事をすると、セレブの気分になれたからだったんだろうか？

指の湖とナイアガラのワイン

アメリカのワインと言えばカリフォルニアだけと思っている人が多いが、実は全米各州で造っている。カウボーイとウィスキーの天国テキサス州でさえ、かなりの量を造る。喉の渇いた地元の連中が飲んでしまうので、外国に出ないだけだ。

全米第三位の生産量があるのが、ニューヨーク州。日本人がニューヨークと言われて思いつくのは、ブロード・ウェイやウォール街があるニューヨーク市ぐらい。しかし「州」としてのニューヨークがあり、こちらはハドソン河沿いに北西に伸びる、カナダとの国境沿いの地域だ。実はこのニューヨーク州は、ブドウの大産地なのだ（ただし主力はジュースとレーズン用）。ワインの方は、ニューヨーク市の目と鼻の先にあるロングアイランドでも造っている。市内に住むセレブの間では、ロングアイランドに別荘を持ち、ワイン造りを楽しむのが、ちょっとした流行。

一方、十九世紀前半からの歴史を誇るブドウの産地がある。ニューヨーク市からは遠いが、ナイアガラの滝に近い「フィンガー・レイクス」がそれ。細長い湖が手の指を広げたように並んで

雄大なナイアガラの滝。滝をはさんでアメリカとカナダに分かれるが、カナダ側がアイスワインの産地

いるので、その名がついた。冬が長くて寒い（零下二十度にもなる）土地柄で、交配品種やリースリングなどのワインが造られる。ここのワイン造りは苦難の連続で、耐寒性品種の研究を重ねたことでも有名だ。

交通の便が悪いだろうと敬遠していたら、一日何本もの航空便があった。湖の近くにコダックの本社があるからだろう。水が良くて豊富にあるから、こんなところに工場を建てたんだ。日本でカラーフィルムが普及し始める前の昭和三〇年代初め、現像のためにアメリカに送り、首を長くして待ったが、その宛先がコダック本社のあるロチェスターだった。

秋の湖畔に立った。日光の中禅寺湖と似た風情だが、こちらのは赤くなく真っ黄色の紅葉だ。澄んだ湖を囲むなだらかな丘は、青空を背景に黄、黄、黄。太陽に映える鮮やかさには、息を飲んだ。単身で行ったので、どこをどう見ようかと迷ったが、思いついて駅前のタクシーを貸し切りにした。すると運転手が大喜びで、町外れの自宅に。一日中乗るのだから業務用のボロ車でなくて、俺の車で行くというわけ。さらに、おまけが一つついた。

「ランチなら俺の家でやろう。それぐらいサービスするさ」

庭にガーデンチェアを出して、即席のテーブルでサンドイッチ。飲むには途中で買った地元のワインがある。キュートな若妻と三人だけの食事。こうした雰囲気で飲むワインが、悪かろうはずはない。

フィンガー・レイクスまで行ったら、少し足を延ばすと、アメリカとカナダのちょうど国境にナイアガラの滝がある。マリリン・モンローが主演した『ナイアガラ』を見ていたから、わざわざ行くことはなかろうと思っていた。滝の東側はアメリカ、西側はカナダ。アメリカ側であるオンタリオ湖とエリー湖の南岸が、巨大なブドウ生産のベルト地帯だと知っていたが、そのほとんどがジュースかレーズンだから、これも見る必要はないだろう。

ところが、あるとき日本のカナダ大使館の方から、「滝のカナダ側でうまい『アイスワイン』を造っているんだ」と自慢話が出た。「アイスワイン」と言えば、ドイツが有名。厳寒になるまで収穫を待つと、房についたままブドウが凍る。それを摘んで搾ると、水分抜きの濃い果汁がとれる。ワインにするとすごく甘い。量も少なくなるし、手間もかかるから当然高い。貴腐ブドウから造った「トロッケンベーレンアウスレーゼ」と並んで、ドイツご自慢の高級極上甘口ワインだ。

五大湖のカナダ側のあちらこちらで、最近はワインを造るようになった。ナイアガラの滝のあたりは、冬は言うまでもなく寒いが特殊な気象になっていて「アイスワイン」を造れることに気がつき、ドイツから醸造家を呼んで「アイスワイン」にターゲットを絞った。以来多くのワイナリーが出来て「アイスワイン」のほかに、ピノ・ノワールを使った赤ワインも出している。

現地を訪ねると、ワイナリー見学が滝巡りの観光コースに組み込まれていた。何軒かのワイナ

『ナイアガラ』。DVD販売元：20世紀フォックス・ホーム・エンターテイメント・ジャパン

リーのうち、イニスキリン社はご主人が日本びいき、売店のガイドに日本人女性もいる。フルボトルでは高くて売りにくいからと、小さなしゃれたデザインの瓶に詰めるなど、芸が細かい。

帰国後、カナダ産を取り寄せ、ドイツ産も一本潜ませて、ソムリエ達とボトルやラベルを隠して、産地や銘柄を言い当てる「ブラインド・テイスティング」をしてみた。ところが誰もがドイツ産を言い当てた。どちらも甘いのに、ドイツ生まれは酸がしっかりして骨太。そっくり同じものを造ろうとしても、そうは問屋が卸さない。ワインは風土の賜（たまもの）なんだ。

カナダのオンタリオ州は「アイスワイン」の産地。上はブドウの手入れをする、日本びいきのイニスキリン社の当主。左はパラダイス・ランチ社のもので、原料ブドウはピノ・ノワールとヴィダル。ともに極甘口

ハックのナマズ

終戦のときが、中学三年生。それまで、敵国語として英語のABCも教わっていなかったから、突然三年生用の教科書で授業が始まってもわかるはずがない。独学でいろいろ勉強することになった。テキストに選んだのが、マーク・トウェインの『ハックルベリー・フィンの冒険』。ネイティブが喋る黒人英語は、辞書にも載っていないスペルで、初めは見当もつかなかった。だけど、声をあげて読んでみると、なーんだ、そうか……。そんなことから、この本には思い入れがある。

ミシシッピの大河をいかだで下る冒険物語だが、沿岸の風物や人々の生活を描いていて、立派な長篇文学になっている。その中で、ハックルベリーがとてもおいしそうにナマズを食べている。『トム・ソーヤーの冒険』にもちょっと出てくるが、どうにもおいしそうである。ナマズは日本にもいるが、地震が怖いのか魚食民族なのに、ナマズを食べた話はあまり聞かない。私の祖母などは、地震はナマズが起こすと本気で信じていた。

好奇心がつのって、ニュー・オーリンズに行ったとき、ナマズ料理を出してくれそうなレスト

THE ADVENTURES OF HUCKLEBERRY FINN
MARK TWAIN

『ハックルベリー・フィンの冒険』。
販売元：Amazon Digital Services LLC

ランをかたっぱしから探して食べてみた。あるにはあったが、どれもがフライで、よだれをたらして食べたくなるようなものではない。ミシシッピ育ちのナマズは、河が大きいから大味なのか？　ハックルベリー・フィンがいつも腹ペコだったのか？　わかったことは、ナマズは姿も似ている鮟鱇（あんこう）と同じように、身は白くフニャフニャ。味は淡白。吊るし切りにして調理法を変えるとか、工夫が必要なんだろう。ハックと同じように、たき火焼きにして粗塩をぶっかけて食べたらおいしいのかもしれない。もっとも開高健さんは『もっと遠く！』の中で、フロリダのナマズのフライは「淡白で上品な白身でなかなかイケる」と書いている。

飲み物は、ここでもビールかウィスキー。ワインはなかった。ルイジアナ州はもと仏領だったから、ワインがあると思ったんだが……。それでも今は、どこかで細々と造っているらしいが、まだお目にかかっていない。

アメリカのワインと言えば、今はカリフォルニアが圧倒的に主力。だけど、西海岸でワイン産業が始まるのは、ゴールドラッシュ以後である。実は、東海岸にも野生のブドウが茂っていた。コロンブスがアメリカ大陸を「発見」するはるか昔に、バイキングが渡ってきて、この大陸とブドウを発見していた。

ヨーロッパから移民が渡ってくると、ワインを造ろうとどこでもブドウを植えた。とりわけ、ニューヨーク州、ヴァージニア州などが熱心で、アメリカワインの先駆者である。ただヨーロッパから持ち込んだブドウが、どうもうまく育たなかった。ジェファーソン大統領は大のワイン好きで、フランス革命時代はフランスのブドウ畑巡りの旅をしている。アメリカに帰ってブドウ畑を作って栽培したが、失敗した（フィロキセラ〔132ページ参照〕のせいだ）。それで、自生していた地元品種を使ったり、交配品種を育てたりした。ペンシルベニア州とオハイオ州が、重要な産地になった。シンシナティではカトーバというブドウを使って、発泡ワインで大成功した時期もあった。ところがミシシッピ河流域では、ミズーリ州はかなり熱心だったが、フランス人が多かったルイジアナ州はたいしたことがない。ことにオルレアンの名をとったニュー・オーリンズは駄目だった。どうしてそうなったのか、理由はよくわからない。ちなみに最近の話だが、バーボン・ウィスキーの故郷ケンタッキー州にも七十のワイナリーがあり、テキサス州には三百五十ものワイナリーが生まれている。

アワビの怪？

日本食ブームとやらで最近はだいぶ変わってきて、パリにも多数の寿司屋が現れている。日本人は生魚が大好きだが、フランス人は生の魚は食べないと信じられていた。確かにそうだが、例外がある。生の「魚」は食べないが、生の「貝」はよく食べる。

日本人がフランスの海鮮料理店に行って驚かされるのは「フリュイ・ド・メール（Fruits de Mer）」つまり〝海の幸〟料理。ひと抱えもある銀の大盆の上に、あれやこれやが山盛りになって出てくる。カキやカラス貝、海老やカニは別に珍しくない。帆立てにハマグリ、アサリ、タニシが出ると、待ってました！　ところがムール貝とバイ貝（ビュクサン）、マテ貝（クートゥ）まで現れ、日本で食べもしないオオノ貝、スダレ貝、ニオ貝、カシワ貝、はては笠貝（パテル）までお出ましになると、まさに脱帽。しかも全て生なのだ。日本人は貝は茹でたり、酢でしめたりするが、生となるとお手上げである。

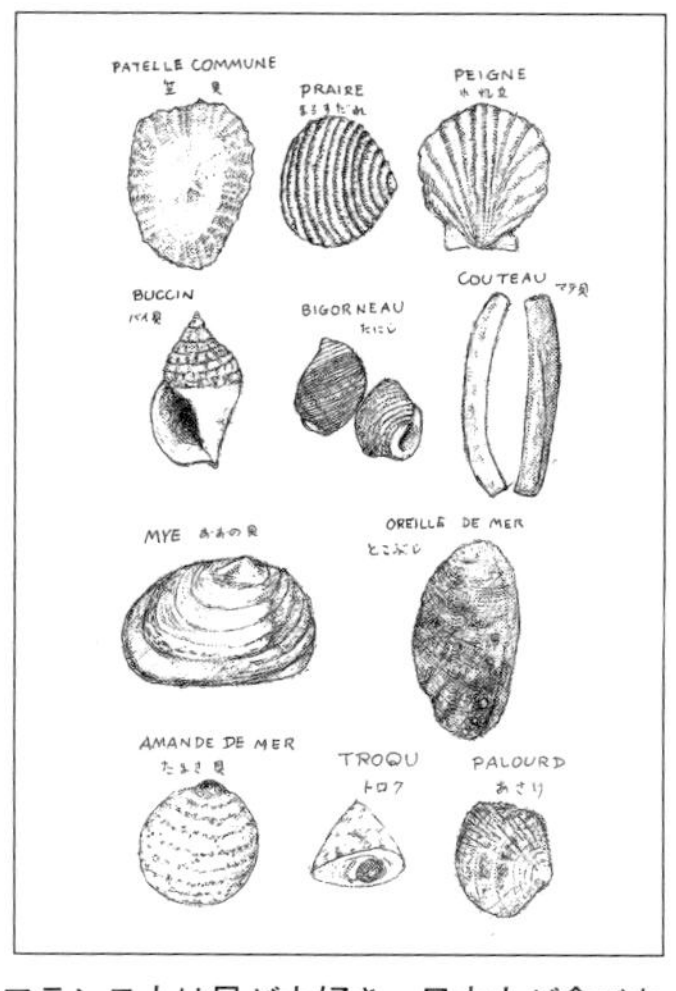

フランス人は貝が大好き。日本人が食べないようなものまで生で食べる

ところが奇妙なことに、貝の味覚の王者、アワビがない。もちろんフランスにもアワビはある。「海の耳（オレイユ・ド・メール）」という名前がついているが、およそ町の市場や魚屋、レストランなどには姿を見せない。というより、平均的フランス人にアワビの話をすると首を傾げるか、見たこともないという人が多い。おそらく、海の中に潜り、岩にこびりついたアワビをこそげ取る、海女なるものがいないのだろう（ギリシャに行くと、貴重な海綿（スポンジ）を取るため潜る漁師はいる）。とにかく、グルメの天国フランスでは、アワビは食材の仲間に入れられていないのだ。これはオドロキである。

あるとき、サンフランシスコへ行った。あの陽気なチンチン電車に乗って、有名な観光漁村「フィッシャーマンズワーフ」に行くと、海辺にレストランがひしめき合い、魚介類のフライまで食べさせる。多分日本を見習ったのだろうが、カキフライまである（他の国では滅多に見ない）。ところが油が悪いのか、揚げ方が下手なのか、野蛮でおぞましい味になっている。そうした状況を見て失望していた僕に、現地で知り合いになった男が、これぞシスコと言えるような名物魚料理を出す店があるから、連れて行ってやろうと言う。喜び勇んでついて行くと、なにか由緒ありげな店に案内された。そこで出されたある料理は、見たことも聞いたこともない代物だった。長さ約二十五センチ、幅二十センチ、厚さは一センチよりちょっと出ている。フライではないが、卵の衣をかぶせて炒めたものらしい。その中味たるや、どうみても肉でなし、魚でなし、さりとて貝らしくもない。だが、味はなかなかのものである。うーんと唸っている僕に、その男はすまして「アワビさ、アバロン・ステーキさ」。しかしこんな大きなアワビがいるはずがない。後でわかったのだが、昔の日本の惣菜屋の安物のトンカツは、豚肉を瓶底で叩いて薄く伸ばしたものだったが、同じ手口で、アワビを叩き潰して広げたらしい。だから、身が大きくて薄く柔らかくなっているわけだ。しかし、味の方はなかなかのもので、まさに脱帽品。またもや、アメリカもバカにしちゃあいけないと悟った。アワビ好きの日本人も中国人も、こんな料理は思いつかなかった。これに合わせて飲んだ白のシャルドネも悪くなかった。

シャルドネというブドウは、もともとフランスはブルゴーニュの原産種だが、生まれる辛口ワインがおいしいので、世界中で作るようになった。今や辛口白ワインを生むインターナショナル品種になり、ブルゴーニュに負けないものも現れるようになった。しかし風土が変われば、生まれるワインも違ってくる。本家フランスのブルゴーニュ生まれのシャルドネは、カトリーヌ・ドヌーブのような妖艶な美女。ところがこれがカリフォルニアでワインになると、マリリン・モンローのようなリッチで、パワフルで、見事なボディのワインとなる。もちろん日本でも造っている、というより流行になっている。ただ、日本のシャルドネは吉永小百合ちゃんのように清楚なんだ！

ドリトル先生の船出港

横浜は古い港町だから、由緒ある老舗も多い。そのうちの一つ福井嘉治さんが経営する「五味商店」は、日本での樽ワインの瓶詰め免許第一号を持つ、ワイン輸入業者の老舗。一九六九年に一緒にフランスへ行ったのがご縁で、輸入ワインが簡単には手に入らなかった時代に、いろいろとお世話になった。

輸入してもらった瓶のかなりの数が傷んでいて、それが灼熱のインド洋経由の船積みのせいだとわかったり（冷蔵コンテナ(リーファー)なんてなかったんだ）、フランス船を使うと、船員が上手にワインをくすねて、乾杯をしているのに腹を立てたり。その後、銀座にあったブルゴーニュ専門の輸入業者、三美(みつみ)さんのお世話になるようになったが、一九七〇年の後半、フランスで買いつけるよりロンドンの方が良さそうだという情報が入ったので、同社のワイン担当、田口朝一さんと二人でロンドンに行った。

輸出商が大したもので、建物が堂々としているのにまず驚いた。立派な応接室で商談をしているとき、「ロマネ・コンティ」のマグナムがあるから買わないか……。現物が倉庫にある。少し遠いが、車を用意するから見に行こうと言う。こんな誘いを断れるはずがない。生まれて初めて乗ったロールスロイス。なんだか偉くなったような気になった。

小一時間走ってたどり着いたのが、小さな漁港。と言っても、漁船らしきものはほとんどなく、上流階級の人達だけが使うヨットハーバーだった。並ぶ家も由緒ありげなたたずまいで、少年時代に愛読した『ドリトル先生航海記』（岩波少年文庫）の船出を思い出させた。海辺沿いに赤レンガ造りの倉庫があり、そこに「ロマネ・コンティ」や「ラ・ターシュ」が十数本鎮座ましましていた。

取引がすんで、お昼時だからとレストランに招待された。小さな店だが、格式ある堂々としたインテリア。さすがに大英帝国。こんなところに、こんな立派な店があるんだ。海鮮料理のメインはカレイ。かなり大ぶりの真っ白いお皿に、真っ白いソースの中で泳いでいるような白身。純白の小宇宙に、きざみパセリのグリーン、レモンスライスの黄色だけが艶やかな彩りになっている。薄い塩味だけで、フレッシュなバターが絶妙なハーモニーを奏でていた。魚料理は日本人が世界一と思いこんでいる自惚（うぬぼ）れを、木端微塵に砕いてくれるような味わいだった。

食事が終わり、英国にはうまい料理がないと思いこませたのは、どこのどいつなんだと考えていると、重役がブランデーグラスに、食後酒を一杯注いでくれた。当然、こちらはコニャックだと思って、そっとひと口すすってみた。おかしい？　なんだろう？　黄色に輝く液体は、歳月にしか出せない熟成美を見せている。実に見事なお酒なのだが、香りがコニャックではない。摩訶不思議な世界にとまどっている僕の顔を眺めながら、重役はニヤリと笑ってひと言。

「ウィスキーなんだぜ。マッカランの年代物さ」

後にシングル・モルトの世界に、のめりこむようになったのは、この一瞬からである。

英国にうまいものがないというのは、日本では通説になっている。短期間の旅行で、ありきたりの店で食事をするから、そんなことになる。それに挑戦したのがリンボウ（林望）先生の『イギリスはおいしい』。食生活の違いとか、食べ物についての発想の違いが、あらぬ誤解を生んだことを突いた素晴らしい文化論になっている。朝食に出てくる「鰊（キッパー）」にしても食べつけると病みつきになる。パブの定番の「フィッシュ・アンド・チップス」は、ロンドンの大きな店ではお粗末なものしか出てこない。しかし地方に行くと、それぞれの村や町に一軒くらい呑ん兵衛ご自慢の店があり、そうしたところのものは決して悪くない。

せっかく英国に来たんだからと、シェイクスピアに敬意を表して、生まれ故郷のストラトフォード・アポン・エイボンへ行った。なかなか風格のある町で、そこのパブでありついた「フィッシュ・アンド・チップス」は、僕の予断偏見を吹き飛ばしてくれるものだった。

左：イギリスはおいしい／林望（文春文庫）
右：25年ものと30年ものの「マッカラン」。ロンドンの輸出商にふるまわれ、以来シングル・モルトの世界にのめりこむ

ロンドンの魚料理で有名なのが、たしか「ボストン・クラブ（だったかな？）」。ロンドンっ子ご自慢のドーバーのヒラメの最高のやつを食べたかったから、行ってみた。ちなみに英国だけでなく、フランスでもカレイとヒラメの区別をしない。メニューを見て驚かされたのは「カレイ」と「サケ」について、それぞれ十種類ぐらいの料理法が載っていたこと。日本だってそんなことをする店はないだろう？

調理法が並べて書いてあるだけで、解説（コメント）がついているわけではないから、どれがどんな味かわからない。ボーイに尋ねるのは口惜しかったからスペルをにらみ、頭をひねって一皿ずつ注文した。当時のメモが見つからないので、今となっては思い出せないが、とにかくすっかり満足して帰ったことは、記憶に残っている。そのときの疑問の一つに、メニューに「サーモン・トリュイット」なるものがあった。サケのマス？　なんだろう。辞書にも載っていない。これも後でわかったことだが、マスは川で生きるときと、海で暮らすときがある。海の時代のものが、それだった。

シェイクスピアの故郷、ストラトフォード・アポン・エイボンのパブ

シングル・モルトはおいしいか

ある正月、鎌倉書房の『乾杯』の中川編集長と執筆者達が飲んでいたとき、誰かが言いだした。「英国人は水割りを飲まない」。そんなことはない、やっているのを見たと言う奴も出てきてワイワイガヤガヤ。しょせん水割り論ならぬ水掛け論で、結論が出ない。そこで中川さんが、「それなら現地に行って調べてみよう」

その年の五月には、ダイアナ妃の訪日が決まっていた。それで、英国関連本の需要はあるだろうと、訪英班と日本残留班とが手分けして、水割りウィスキーの本を出すことになった。この本は結果的に、日本で初めての「シングル・モルト」を紹介する本になった。僕はわけがあって英国班に。

スコットランドに行って、水割りについて結局わかったことは、「スコットランドでも水割りを飲む。ただ、ウィスキーと水とが半々(ハーフ・アンド・ハーフ)か三対一くらい。ただし、絶対に氷は入れない」

日本とは、同じ水割りでも似て非なるもの。あちらで水で割るといっても、ウィスキー造りに使う水を使うわけだから、ウィスキーに別の要素を加えるわけではなく、薄めるだけなんだ。

この旅行の副産物は「シングル・モルト」なるものの正体が、正確にわかったことだった。英国には約百ぐらいの蒸留所（ディスティラリー）がある。単一の蒸留所のウィスキーだけを瓶詰めしたのが「シングル・モルト」。「モルト・ウィスキー」と「グレーン・ウィスキー」を調合したのが、「ブレンデッド・ウィスキー」。「ホワイトホース」や「ジョニ黒」など、普通にウィスキーと呼ばれるものは、全てこれ。これぞという味を出すために、何十というシングル・モルトを使うメーカーもある。この調合の秘訣が、ブレンデッド・ウィスキーの成功不成功を決める。

われわれはウィスキーと言えば、英国のものだから英国人は誰でもウィスキー飲みだと思っている。しかし、昔のイギリスでは、ウィスキーなるものはスコットランドの地酒で、偏屈なスコッチ野郎の呑んだくれが、ガブ飲みしている野蛮なものという認識しかなかった。ディケンズと言えば、日本では『二都物語』があまりにも有名だが、英国では『ピクウィック・ペーパーズ』の方に人気がある。これは日本の『弥次喜多道中記』のようなもので、英国紳士の酒飲み珍道中記。全篇、酒、酒、酒の飲みっぷりが描かれているが、飲んでいるのはもっぱらビールかワイン。ウィスキーの話はたった一回、それも伝聞として出てくるだけ。上流階級はワインとブランデーをガブ飲みし、大衆はビールかジンを飲んでいた。

ところが、フランスのフィロキセラ禍（132ページ参照）でコニャッ

CHARLES DICKENS
THE PICKWICK PAPERS
ピクウィック ペーパーズ
上巻

右：『スコッチ・モルト・ウイスキーの本』山本博編（鎌倉書房）
左：『ピクウィック・ペーパーズ』チャールズ・ディケンズ／田辺洋子訳（あぽろん社）

クが手に入らなくなったため、渋々ウィスキーなるものに手を出し始めた。一方庶民は、連続式蒸留器（パテントスチル）なるものが発明され、量産された蒸留酒がジンに化けて、大量にしかも安価で市場に出回るようになると、ジン浸りになった。その弊害が目に余るようになり、ジン規制法まで出た。

量産されていたアルコールをなんとか売りさばけないかと考えた連中の中に頭のいい男がいて、あまり味のないローランドの量産アルコール（グレーン・ウィスキー）に、ハイランドのくせがあるシングル・モルトを混ぜて、今日一般に愛飲されているブレンデッド・ウィスキーを造り出した。このニュースタイルのウィスキーを、英国人が誰でも飲むようになると（実際に普及するのは第一次世界大戦後）、世界中に広まるようになった。もっともアメリカ人は、英国のスコットランド産ウィスキーとは別の、トウモロコシから造ったバーボンを飲んでいたが……。

一七〇二年のアン女王即位をきっかけに、イングランドとスコットランドは、長年の怨讐（おんしゅう）を棚上げして合体、大英帝国（グレイト・ブリテン）となった。現在、表向きは仲良くやっているが、生粋のスコッチ連中は、腹の中ではいつか独立したいと思っている。今でもスコットランド銀行などは、独自のお札を出しているくらいだ。二〇一四年には悲願のスコットランド独立住民投票をやったが、三百年以上一体だった歴史からの離脱は、無理だったようだ。

ついでに言うとマッカーサーとかマクドナルドはスコットランド名。「スランジバー（Slaintemhor）」という言葉があるが、意味は〝乾杯〟。英国人でもこのスペルを綴れる男は滅多にいない。英国人にスランジバーと言ってもきょとんとするが、スコッチ野郎はニヤリと笑う。

ロンドンのエールに乾杯

初めてロンドンに行ったとき、英国人ご自慢の「エール」とやらを飲むのが楽しみだった。ところが飲んでみるとボテッとしたおかしな味で、しかもぬるま湯のようで、冷えてない。そのときは「なぁーんだ、こんなものか」と思った。だけど、滞在して一週間飲み続けていると、病みつきになった。ビールなのに、奥が深いのだ。しかも味に個性がある。

ギネス賞を取ったパブがあると聞いて、行ってみた。郊外のちっぽけな店で、客席は十くらい。常連だけがとぐろを巻いて、それぞれ自分の座る席まで決まっている。注ぎ方は、まさしくリアルドラフトで、注ぎ終わるのに五分くらいかかる。（詳細を知りたかったら玉村豊男さんの『ロンドン旅の雑学ノート』［新潮文庫］をどうぞ）。出されて驚いた。真っ黒なビールの上に泡が二センチくらいもあり、その泡に鉛筆で字が書ける。イギリスのビールを見直さなくちゃあ！　ウィスキーを学ぶために何年も行ったが、副産物として

ロンドンのパブ。バーカウンターには「エール」の注ぎ口がいくつも並ぶ。著者は１週間飲み続けて、病みつきになった（撮影：渋谷寛）

エールが好きになった。英国にはビールがエールを含めて百種類くらいあるそうだが、パブの親爺に言わせれば、二種類だけ。

「うまいビールと、うまくないビールさ！」

なぜこんなに種類があるのかというと、上面発酵だから。現在、われわれがひと口にビールと呼んでいるものは、ほとんどが下面発酵の「ラガービール」で、ピルゼンスタイル。昔は仕込みは常温で、発酵は発酵槽の上部で行われていた。これだと発酵が不安定で、均一のものにならない。冷温で、発酵槽の下部で発酵を行わせると、品質の安定したものが大量に生産できる。酵母を研究し、技術を駆使して、今日のようなビールが出来上がった。その意味で、現在世界で広く普及しているビールは、現代細菌学の成果だと言えるし、世界的な味の均一化現象を生んだ。日本ではメーカーが考案したいろんな銘柄が出されているが、味の方はそう変わらない。

英国のエールは、昔からの上面発酵の製法を変えないで頑張っているから、場所と造り手次第で味の違うものが無数に現れるわけ。最近ベルギービールの人気が高いが、これも上面発酵を守っているから多彩な味のものになっている。騙されたと思って一度ベルギーのホワイトビールを飲んでみなさい。これがビールかと思うだろうし、必ず好きになるはず。

英国に今でも数多くのエールが生き残っているのには、もう一つ理由がある。呑ん兵衛パワーのおかげなのだ。英国のパブは、大手ビールメーカーの資金援助を受けている店が多く、メーカー側の要求で、どこもラガービールばかり出すようになった。これに頭にきたエール好きの呑ん兵衛連中が「CAMRA」運動を興した。「Campaign for Real Ale」の略で、要するに〝本物のエールを飲ませろ〟という意味。デモをやったり、ビラを撒いたり、遂に大手メーカーも反省して、どこのパブでもエールを置くようになった。

エールの造り手は、ほとんどがミニブルワリーである。ロンドンに行ったら、ぜひ一度テムズ河上りをやってみたらいい。日本の造り酒屋と同じような醸造所が、それこそ町ごとにある。ほとんどが家族経営で、訪ねれば家族ぐるみで温かく歓迎してくれる。生のホップの香りは、春の野原を連想させるように実に爽やかで、これを嗅げるだけでも、行ってみる価値はある。

せっかく本場に来たのだからと、ビール醸造大手のバス・チャリントンの工場を訪ねた。観光施設が整えられていて、なかなかに楽しめた。目玉は、トラックがなかった時代に工場内で使っていたという馬。それがなんとオドロクほど巨大で、「世界最大の生きている馬」なのだそうだ。

イギリスのパブは、どこもユニークな看板をかけている。店内は今夜も「エール」を守った呑ん兵衛パワーが充満（撮影：渋谷寛）

ハギスのお化け——ハイランドの幽霊

今やシングル・モルトが流行っていて、国産ウィスキーまで大きな顔をして酒屋の店頭に鎮座している。しかしその昔は日本市場には姿を現さず、三角形の瓶に入った「グレンフィディック」が空港の免税店で売られていて、旅行客がお土産に買って帰るくらいだった。

シングル・モルトがおいしいかと言うと一概にそうとも言えない。単細胞的なシングル・モルトをいくつか合わせて（二十〜八十くらいブレンドする場合もある）、ハーモニーを出そうとしたのがブレンデッド・ウィスキーなので、おいしさから言えば、どうしてもそちらに軍配が上がる。個性があるかどうかなのだ。

もともとワインとコニャックびたりだった英国紳士だが、時勢の流れには抗し難く、ウィスキーもたしなむようになった。しかし飲むのは銘柄が決まっていたし、言うまでもなく著名メーカーのブレンド物だった。その材料になるシングル・モルトなどは市場にはほとんど姿を現さなかった。たまに出会ったとしても、上流階級の英国紳士たるもの、スコッツのシングル・モルトなどは見向きもしなかった。

これに手を出したのが「怒れる若者達」と呼ばれたニューウェイブの若い文学青年達だった。

三角ボトルが目印の「グレンフィディック」。この12年物は、シングル・モルトとして世界1、2の売り上げを誇る

フランスにシャトー・ワインなるものがあるなら、俺達にはスコットランドのシングル・モルトがあるじゃないかと、飲み始めた。つまり、この酒はインテリ、文学青年主導で流行り出したのだ。だから普通の保守的な英国人は、あまり手を出さない。案外のようだが、英国で大衆に愛されているのは、イングランドでは「フェイマス・グラウス」、スコットランドでは「ベル」なのだ。

ディック・フランシスと言えば、競馬シリーズで有名なミステリー作家だが、『証拠』（ハヤカワ・ミステリ文庫）という面白い作品がある。主人公は酒屋の親爺で、贋酒をあばくストーリーなのだが、贋のシングル・モルトに誰も気がつかないというくだりがある。このシーンは、英国人があまりシングル・モルトを飲んでいない証拠なんだなぁ。

キングズレー・エイミスの酒の本の翻訳から、吉行淳之介さんが手を引かれ、幸運にも僕にそのお鉢がまわってきた。そんなこんなで、シングル・モルトの蒸留所（ディスティラリー）巡りをすることになった。百軒くらいあるうちの半分くらいまでは行った。

シングル・モルトの蒸留所が集まっているのがハイランド。ことにスペイサイド地区。どこでも一癖も二癖もありそうな親爺ががんばっている。鶴の首のような細長くて曲がった管がついた単式蒸留器（ポットスチル）は、絶対に同じ形のものはない。蒸留室の天井に張った蜘蛛の巣を、決して取り払わないところもある。面白いことに

右：イングランドで人気の「フェイマス・グラウス」 左：スコットランドで人気の「ベル」

マスコットになった老猫（ウィスキーキャット）が、主人顔をしてふんぞり返っている。原料の大麦をねらう仇敵の鼠を退治してくれるからだ。

ハイランドから遠く離れたアイラ島のシングル・モルトで有名なのが「ラフロイグ」と「ラガヴーリン」。ヨードとかクレオソートのような変わった香りのする最左翼。知らないで飲んだら、薬と思うかもしれない。海辺の潮風にさらされたヒース（かわいいピンクの花をつける）が枯れ積もって泥炭になったのを燃やして、原料の麦芽をいぶすからこんな香りがついたのだ。

この旅行の副産物は、ビールのエールが好きになったことと、スコットランドでボルドーワインを安く飲めるのを発見したことだった。ハイランドのサケも食べたかったが、何より食べたかったのが、スコッチ名物の「ハギス」。旅行案内にはいかにもおいしそうに紹介してあるので、スコットランド土産の話の種にしたかった。ところが、どのレストランで聞いてもなかった。ある山中の旅籠（はたご）屋的ホテルに一泊したとき、ホテルのおばさんに、ハギスが食べられなかったと愚痴をこぼすと、「ハギスは家庭料理だから、今どきレストランでは無理なのよ。町なかの肉屋で生のを売っているから買っていらっしゃい。う

上：モルト蒸留所の単式蒸留器。一つとして同じ形のものはない
下：「蒸留所の主」ウィスキーキャット

ちで火を入れてあげます」

早速買って来てお目見え。十センチ足らずの黒い玉で、中になにやら詰めこんである。食べてみたが、へんてこな味で東洋は日本人の、僕の口に合う代物ではなかった。「名物にうまいものなし」か。

無理して平らげたせいか、ベッドに入ると、さあ眠れない。そのうち隣室の様子がおかしい。ペチャクチャのお喋り。ガヤガヤ、ガタガタ、椅子を動かすゴトゴト。とにかくうるさくて仕方がない。深夜まで寝つけなかった。翌朝、同行して部屋割りをしてくれた鎌倉書房の編集者の長井君に文句を言うと、長井君が青くなった。

「実はあの部屋はお化けが出るというので、寝つきのいい先生にしたんですよ」

ところ変われば、お化けまで変わる。スコットランドの幽霊は、日本と違って騒々しいんだ。

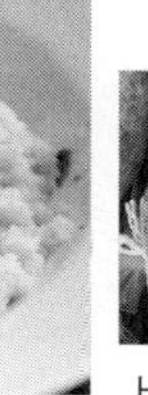

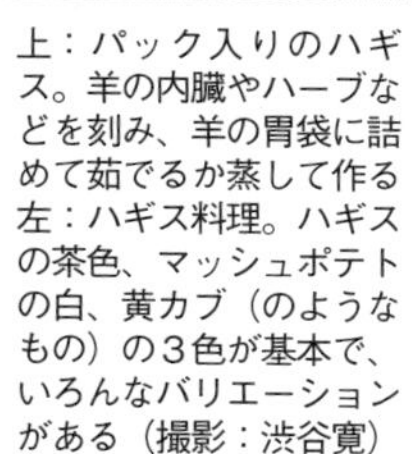

上：パック入りのハギス。羊の内臓やハーブなどを刻み、羊の胃袋に詰めて茹でるか蒸して作る
左：ハギス料理。ハギスの茶色、マッシュポテトの白、黄カブ（のようなもの）の３色が基本で、いろんなバリエーションがある（撮影：渋谷寛）

無敵艦隊の挫折とカルヴァドス

今の若い人は名前も知らないだろうが、明治・大正生まれのオヤジ達は、イングリッド・バーグマンと言えば、胸をときめかしたものだ。かの名画『カサブランカ』の中で、ハンフリー・ボガートが、バーグマンにシャンパンのグラスを捧げ「君の瞳に乾杯！」と言ったシーンなどは忘れられないものだった。

実はこの原文は「Here's looking at you,kid.」で、日本語のセリフは清水俊二さんの超名訳だった。そのバーグマンが出た映画で、人気のあったもう一つは『凱旋門』。主人公の医師ラヴィックが、シャンゼリゼの「フーケ」（日本の「風月堂（ふうげつどう）」はここから名前を取ったんだそうだ）で、バーグマンと飲んだお酒が「カルヴァドス」。

戦後少したってからだが、銀座に「エスポワール」とか「おそめ」とか、文壇バーと呼ばれる高級バーがあった。毎晩有名な文壇人が巣食っていて、行くと必ず誰かがいた。と言っても、大体この人達は、自分でお勘定を払わない。つけは出版社にまわった。銀座の高級クラブが出版社でもっていたという良き時代があったんだ。今の出版社にはそんな元気はない。

『カサブランカ』
DVD販売元：ワーナー・ホーム・ビデオ

フツーの客は入れない建て前になっていたが、写真界のノーベル賞と言われるハッセルブラッド国際写真賞を取ったカメラマンの濱谷(はまや)浩さんとか、吉行淳之介さんのお伴をして僕も入れてもらえたから、文壇雀の噂をよく耳にした。

その中の一つなのだが、この『凱旋門』のバーグマンがとても素敵だったから、銀座でカルヴァドスを飲むのが流行ったことがある。ところが斯界(しかい)きってのパリ通と称されるある画伯が（特に名を秘す）、「カルヴァドスなんかはパリでは貧乏人のコニャックと言われて、労働者がガブ飲みする酒で、まともな紳士の飲むものではない」と言ったもんだから、みんな恥ずかしがってカルヴァドス飲みはパタンと止まってしまった。

実はこれは半分当たっていて、半分は違っている。確かに、当時庶民の間では安物のカルヴァドスが盛んに飲まれていた。高いコニャックには手が届かないが、何か強いお酒が欲しかったから（嫌いな英国人の飲むジンやウィスキーは見向きもしなかった）、我慢して安物のカルヴァドスを飲んだんだ。

北仏ノルマンディ地方は寒くてワインが造れなかったが、リンゴがふんだんに穫れたから「シードル（リンゴ酒）」を大量に造ったし、それを蒸留したカルヴァドスは若くて荒くて、安かった。それで、「貧乏人のコニャック」などとも呼ばれた。しかしカルヴァドスにも丹念に造られたものがあり、それを長期間樽で寝かせた年代

右：ノルマンディ地方の名酒「カルヴァドス」。ボトルの中にはリンゴの実が入っている
左：リンゴの醸造酒「シードル」

物はコニャックに負けない蒸留酒の逸品で、ことにコニャックのような甘ったるい香りと味がないから、辛口党に向いている。ただ、値段も高くてコニャック並み。おかしいと思ってエリッヒ・マリア・レマルク（『西部戦線異状なし』の著者）の書いた『凱旋門』の原書を取り寄せて読んだら、カルヴァドスにちゃんと「vieux（古い）」がついていた。某画伯のパリの修業時代、つき合っていたフランス人は、カルチェ・ラタンかモンパルナスあたりで暮らす、そうお金のない連中だったんだろう。カルヴァドスにも、年代物の逸品があるのを知らなかったんだ。

カルヴァドスの歴史は古く、由緒もある。かのシャルルマーニュ大帝（ドイツではカール大帝）は、ワインが好きということになっていて、この大帝の名をつけた畑（コルトン・シャルルマーニュ）まであるが、実はシードルが大好きでガブ飲みしていたし、製法について規則まで定めた。シードルの綴りは「cidre」でフランス語だとシードルになるが、英語だと「サイダー（cider）」。日本では清涼飲料水の名前に化けてしまったが、英国でも盛んに造られ飲まれている。ちなみにレモネードは、日本では「ラムネ」に化けた。南西部デヴォン州が有名。ピーター・ラヴゼイに『苦い林檎酒』（ハヤカワ・ミステリ文庫）というミステリーがあるが、シードルを仕込むとき、大桶の中に子羊の生の足を入れると味が良くなるという、気持ちの悪い伝説が出てくる。

一五八八年スペインの無敵艦隊が英国艦隊の砲撃を逃れフランダース（ベルギー）に行くため、ノルマンディ沖に押し寄せた。ただ、ここで無敵艦隊の戦艦「エル・カルヴァドール」が座礁したため、フランスは危うく危機を脱した。後にフランスは、その岩をカルヴァドス岩礁と名づけ、それが県名になり、お酒の名前にまでなったのだそうだ（英国の方は、アップル・ブランデー、安物はアップル・ジャック）。今では製法が細かく規制されＡＣ（原産地呼称管理制度）の対象になっている。上級物は「ペイ・ドージュ」の名前がつくもので、味の決め手は、ブレンドと樽熟成年。「オル・ダージュ」になると、最低六年以上樽熟成させなければならない。それだけでなく各メーカーはもっと寝かせたものを自慢にして売り出している。

パリ最大の総合食品店「フォション」は、マドレーヌ広場の角にあって、カルヴァドスの年代物を特有の瓶（黒い瓶でラベルがなく、銘柄や年代を白ペンキで直接ラベルに書いていた）に詰めたものをぞろりと揃えていた。僕の友人で一緒にフランスに行った合同出版の社長宮原敏夫さんは、ここで自分の誕生年のものを見つけて感激。買って帰ってどうしたかというと、お正月に全従業員を集め、うやうやしくお猪口に一杯ずつ配って飲ませたそうだ。社員が社長のように喜んだかどうかはわからないが、おかしなお酒を、そうは有り難がらなかったことは確かだろう。

フランス人は、このカルヴァドスの高くないやつをコーヒーと一緒に（注ぐか、別々に）朝飲む。「カフェ・カルヴァ」と呼んでいるが、今はあまり見かけなくなった。朝飲むかどうかは別として、酒飲みにはこたえられないコーヒーになる。

メキシコのラム

一九七七年に仕事でアメリカへ行ったとき、ついでにメキシコへも行ってみた。行く前にアメリカ人の友人から「アカマピチトリ大王の祟り」に気をつけろと言われた。アメリカ人がメキシコに行くとひどい下痢にやられるが、それはどうやら生水のせいらしい。その話を聞いて、十分注意したつもりだったが、やはりひどい目に遭った。いろいろ考えてみて、生水こそ飲まなかったが、ウィスキーのオン・ザ・ロックは飲んだ。その氷は生水で作ったんだ。

メキシコに行った目的は、竜舌蘭から造るメキシコ名物「テキーラ」の製造工場を見たかったからだが、これは見そこねた。ただ、太平洋岸のリゾート、アカプルコに行くと、伊達政宗の遣欧使節、支倉常長の記念碑があったり（ヨーロッパへ東回りで行ったのだ）、魚市場でいろんな魚介類を見ることが出来たりして、なかなか面白かった。そして予期しなかった副産物は、いろんな「ラム」が飲めたことだった。

ラムと言えば、スティーヴンソンの冒険小説『宝島』に出てくる。

「死人の箱にゃあ十五人——よいこらさあ、それからラム酒が一瓶と！」

『宝島』スティーヴンソン／
佐々木直次郎、稲沢秀夫訳（新潮文庫）

の歌でおなじみの海賊の専用酒と思いこんでいた。ジャック・R・ペシュラールの『ラムの大通り』（早川書房）は、禁酒法時代の密輸入業者連中の活劇冒険小説だが、作者がフランス人だけあって、変わった意味ですごく面白い本（フランスのマリリン・モンロー的セクシー女優ブリジット・バルドー主演で映画化された）。そこに出てくるラムもなんとなくアウトロー的雰囲気があって、僕にラムを敬遠させていた。

実は、ラムには英国海軍の必需品だった時代もあった。それというのも、これが長期航海につきものの、恐ろしい壊血病の予防に効果があると信じられていたからだ。ヴァーノン提督は「グロッグ」とあだ名のついたラムの水割りを、毎日一杯ずつ水夫（かこ）達に強制的に飲ませていたくらいだ（これの飲みすぎが、グロッキーの語源なのだ）。

ディケンズの有名な『二都物語』で、呑んだくれの弁護士が、ガブ飲みしていたお酒は、ウィスキーではなかった（このころは英国人は、ウィスキーなどは飲まなかった、というより知らなかった）。ガブ飲みしていたお酒は、古い訳本では「パンス」と書かれていたので、なんだろうと調べてみたらワインの「パンチ」のことだった。今のパンチはフルーツパ（ポ）ンチに代表されるように、カクテルの中のソフトドリンクになってしまって、ラムベースだがラムと無縁なような飲み物になってしまっている。ディケンズ時代のパンチは、ワインにラムを割った強いやつを温めたものだったんだろう。

ラムも古い歴史を持ったお酒で、その歴史は西インド諸島の歴史と重なり合っている。ラムはさとうきびの搾り汁、または製糖の際に出来る糖蜜を蒸留して造るお酒だからである。ラムはもともとは、濃い茶褐色のどろどろとしたお酒だったんだろう。ヨーロッパやアメリカに輸出される量が増え、カクテルに使われるようになるにつれて、段々と色が薄くなり、今では無色透明の「ホワイトラム」がむしろ主流になった。いろんなカクテルを飲んでいる人は、知らないうちにラムのお世話になっているのだ。

当今、ラムをストレートで飲もうと考える呑ん兵衛は滅多にいなくなったが、実はラムにもライトからヘビー、造り方と色から見た、いろいろなカテゴリーがある。その中でも「伝統的ラム」と言えるもの、つまり大西洋に弧を描く列島、小アンティル諸島の仏領マルティニーク島にある名だたる醸造元「クレマン」「セント・ジェームス」「ラ・フェイヴァリット」などの長期熟成ものを、騙されたと思って一度ストレートで飲んでみたらいい。コニャックの上級ものに決して負けないし、え！　こんなお酒があったの⁉　と驚かされるだろう。僕も驚かされたのだ。

右：メキシコの名酒「テキーラ」。ボトルの中のサボテンがおちゃめ
左：カリブ海マルティニーク島産の「セント・ジェームス・ラム」

カクテルの極めつき、マティーニ

カクテルは「マティーニに始まって、マティーニに終わる」と言われる。カクテルの種類となると星の数ほどあり、毎年コンクールでニューフェイスが生まれている。それなのにマティーニが極めつきの真打ち的存在とされているのは、材料がジンとヴェルモットだけと単純で、その比率と混ぜ具合だけで味が千変万化するからだ。

バーに新来の客が入ってきて、マティーニを注文すると、バーマンの顔がひきしまる。このカクテルくらい腕の上手下手がわかるものはないからだ。マティーニは、客とバーマンとの真剣勝負。最近、いいマティーニを出す店が少なくなったと嘆く人がいるが、それはうるさく言う客の方が少なくなったからだ。本来、ジンベースのカクテルだから、どの程度ヴェルモットを入れるかが決め手。最左翼になると、ヴェルモットをグラスのへりにちょこっとこすりつけるだけというのもある。

英国首相チャーチルは、大のマティーニファンということになっている。当人に言わせると、部屋の片隅にヴェルモットを入れたグラスを置き、それを眺めながらジンのストレートを飲むの

一見無色透明のようだが、口に入れてみると、味は実に千変万化。奥が深い（画像提供：サントリー）

が一番だという。アメリカ大統領のルーズベルトも大のマティーニファンで、自宅にバーカウンターを作ってマティーニ用のグラスや器具を揃え、自分で作って客に出して、腕前を見せるのがご自慢だった。

マティーニは、きちんとした宴席の前に出すのが許される唯一のカクテルということになっている。英国に「つらい時間」という言葉がある。時間にやかましい英国社会でも、宴席に客が揃って、いざお食事という段になるには、どうしても小一時間はかかる。その待つ間に強い酒が飲めない。もちろん、ウィスキーはご法度。それならとマティーニを出したら、これがなかなかいい。以来、マティーニだけは許されることになったとやら。

それを見習ったわけではないが、このころ、僕はフォーマルなディナーの前に、マティーニを一杯やらしてもらうことにしている。人の欲望がぶつかり合う弁護士という仕事の渦中にいて一日を過ごし、神経がささくれだってカサカサになったとき、このマティーニの強烈なショックを与えてやると、気持ちが落ち着き、楽しい食事が味わえるようになる、そんな精神安定剤の役目を果たしてくれるからだ。

世界中のマティーニを飲んだ。カクテルの本場のアメリカでは良いマティーニを出すようなバ

「マティーニ」をこよなく愛した２人。保守党大会でＶサインをするチャーチル英首相（右）とルーズベルト米大統領

ーに行かなかったからかもしれないが、僕が行った限りではどこもそう大したことがなく、総じて大味だった。案外なのがイギリス。アメリカ生まれのカクテルを自家薬籠中のものにして、これを飲む人が結構多い。ロンドンでも安場のバーでは無理だが、きちんとしたホテルのバーでは、けじめのついたカクテル、もちろんマティーニを出す。

ひどいのはフランスで、高級ホテルを除けば、カクテルにはちょっとお目にかかれない。有名な「リッツ・パリ」のバーマンはカクテル作りがご自慢で、フランス語のカクテル教本まで出している。また、パリ在住の植田洋子さんがコミカルな挿絵を描いている『リッツ・パリのカクテル物語』（里文出版）というのもある。ここのマティーニは、ヘミングウェイの逸話でも有名。ドイツ軍撤退後のパリに一番乗りしたヘミングウェイは、何をおいてもまずはリッツ・パリに乗りこみ、部下の分も含めて何十杯かのマティーニを注文したそうだ。だから僕も行ってみたが、グラスがとても大きく、味の方もまあ、ひどいものだった。

日本のマティーニの元祖は、東京會舘の今井清さん。米軍占領時代、GHQ（連合軍総司令部）が東京會舘のすぐ近くだったから、アメリカ軍将校から、いち早くカクテルを教わることになった。今井さんのマティーニは、バーマンの世界では神話的存在になっている。「正統派今井マティーニ」を頑固に作り続けた吉田貢爺さんが

「マティーニ」のベースはジン。定番の「ゴードン」（右）と「ビーフィーター」（左）

銀座並木通りに出した「Y&Mバー・キスリング」が健在だから、「今井マティーニ」がどんなものか知りたかったら、ここに行けばその真打ちというやつを飲める。

マティーニの大黒柱は、言うまでもなくジン。有名ブランドには「ゴードン」や「ビーフィーター」があるが、「タンカレー」を使うと少しひきしまった味になる。また「ボンベイ・サファイア」という名品もあり、昔は手に入れるのが難しかったが、今では簡単に手に入るようになり、これを使うバーマンも増えた。ただ、どうもこれを使うと、ソフトだが華奢になるようだ。

ジンの相棒ヴェルモットで言うと、南仏産の「ノイリー・プラット」ということに決まっていた。最近マティーニがうまくなくなったと言う人がいたら、それはヴェルモットが堕落したからだ。あるとき、フランスのサヴォワ地方、グルノーブル市近くの「シャンベリー」がいいと聞いて、現地に行って手に入れ（日本には輸入されていなかった）、これでマティーニを作ってみると、実に乙だった。

ついでに言うと、マティーニの弟分と言えるのが「ギブソン」。基本のレシピは同じだが、オリーブの代わりにプティ・オニオンを使う。なかなか乙だから変わったマティーニを飲みたい人はどうぞ！　頼むとバーマンは嬉しそうな顔をするはず。

右：ロンドン生まれの「タンカレー」
左：バカルディ社が出すプレミアムジンの「ボンベイ・サファイア」

第3章　それでも飲まずにいられない

この章について

暗闇の中を手探りする修業時代が終わると、ワインという文明のすそ野が見え始め、全体像もおぼろげながらわかってくる。そうなると、ワインとはいったいどんな飲みものなのか、他のアルコール飲料とどう違うのか、ワインをワインたらしめている本質はなんなのか、ということに意識が向かうようになる。「酔う」という現象を文化論の中でどう捉えたらいいか、ということも考えるようになっていく。

ただ、偶然というか運が良かったというか、ちょうど修業時代が終わるころ、ワイン自体に大きな変革が生じ、それを目の当たりにすることになった。「二十世紀最後の二十五年間で、ワイン地図が塗り変えられた」という大変革現象である。

ヒュー・ジョンソンの『ワールド・アトラス・オブ・ワイン』は、世界のワインを地理的に分類記述する、ワインを学ぶ者の必携書で版を重ねている。その第六版で、全く新しい本になったと言えるような大改訂が行われた。それを邦訳する大作業に、これまた幸運にも携われることになった。そのため、その変貌ぶりを正確に知ることができた。

初期のコルクスクリュー。コルク栓の発明以前は、水で湿らせた布で瓶に栓をした

この章では、そうした新現象を踏まえて、これだけは知っておくべきといういくつかのテーマを取り上げた。そもそも酒とは何か？ という原論から始め、ワインの価格と熟成、流行、害虫による大災害、有機農法と醸造法、ワインの法規制などへと展開していく。この章で、酒とワインについての大きな流れをつかんでほしい。

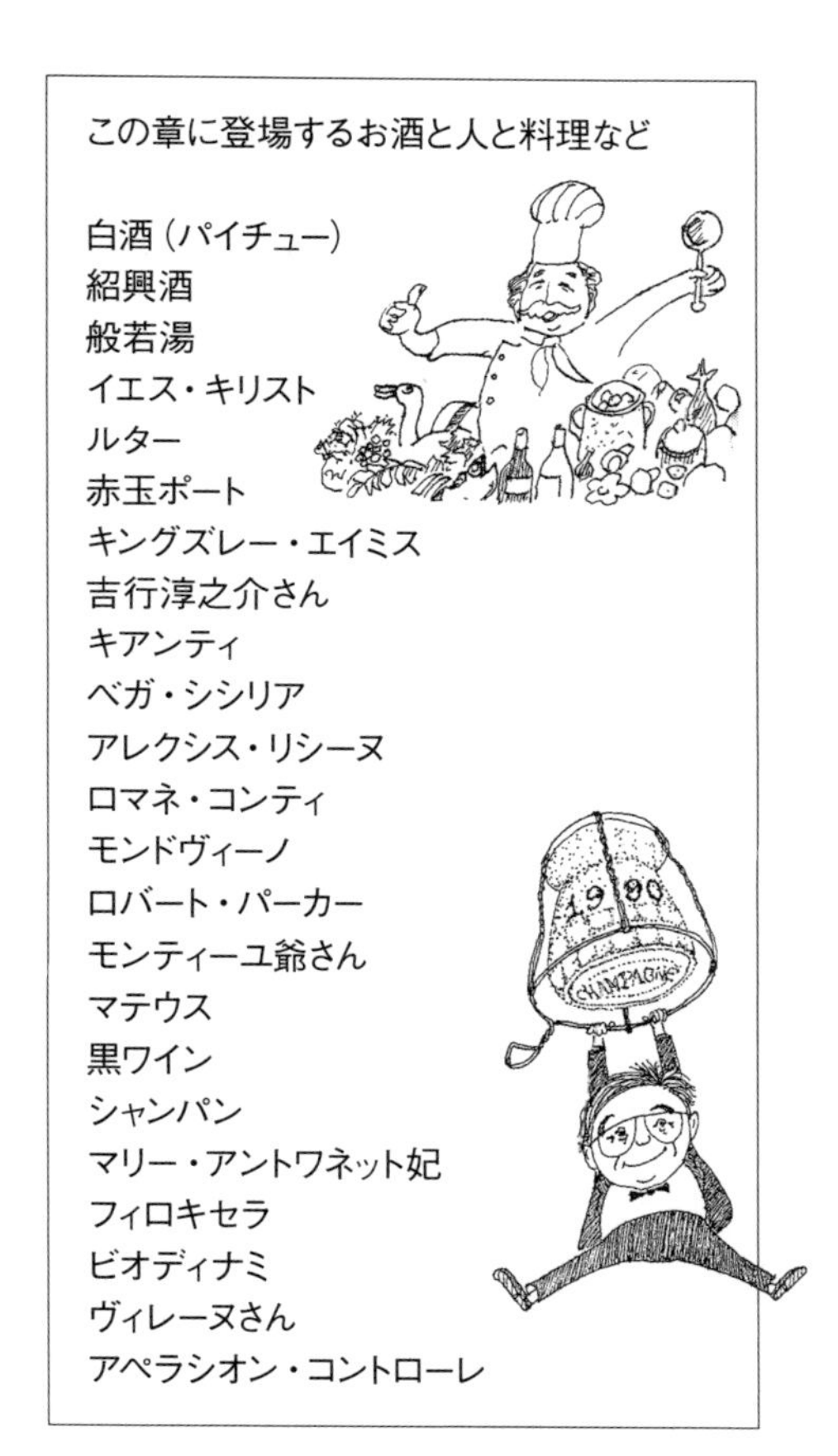

この章に登場するお酒と人と料理など

白酒（パイチュー）
紹興酒
般若湯
イエス・キリスト
ルター
赤玉ポート
キングズレー・エイミス
吉行淳之介さん
キアンティ
ベガ・シシリア
アレクシス・リシーヌ
ロマネ・コンティ
モンドヴィーノ
ロバート・パーカー
モンティーユ爺さん
マテウス
黒ワイン
シャンパン
マリー・アントワネット妃
フィロキセラ
ビオディナミ
ヴィレーヌさん
アペラシオン・コントローレ

それでも飲まずにいられない

その昔、と言っても紀元をはるか前の大昔の中国の話だが、儀狄(ぎてき)という男がお酒を発明した。この酒なるものが、今日の中国の国民酒「白酒(バイチュウ)」なのかどうか正体はわからない。と言うのは、現在の白酒は日本の焼酎と同じような蒸留酒で、この時代はまだ蒸留という技術が発明されていなかったと考えられるからだ。さりとて、日本のお酒のようにお米から造ったものではない。正体は別として、とにかくこれを味わった夏(か)王朝の開祖の禹(う)は、「うますぎる。将来これに溺れて、国を滅ぼす者が出るに違いない」と言って、酒の醸造を禁じたそうだ。

こんな法律を作ったって、いったん人が酒の味を覚えたら止められるもんじゃない。その歴史的証拠が、世紀の愚挙と言われるアメリカの禁酒法。ギャングの天国になっただけでなく、禁じられるとやってみたくなるのが人情というもので、アメリカ人は禁酒法以前より酒飲みになってしまった。

夏の後の殷(いん)になると、暴飲だけしか止められなかった。項羽(こうう)と天下を争った劉邦(りゅうほう)が、漢王朝を建てる戦乱の時代になると、盛んに宴会を開いて大酒を飲んでいたことが史書に出てくる。それどころか、新の時代になると、王莽(おうもう)の詔書に「酒は百薬の長」と、賞讃されるようになった。

さらに東晋の詩人陶淵明は「酒は百慮を祓い」、北宋の文人蘇軾は「酒は憂いを払う玉箒」と詠った。また、華やかな文明が開化した唐代の詩人李白は酒びたりでないと詩も作れなかったし、そうした呑ん兵衛が人のうらやむところともなった。

東海の日出ずる国のわが国では、卑弥呼の時代、葬式や祭事には親しい人が集まって酒を盛んに飲んだらしい。古い中国の資料を持ち出さなくたって、日本人なら誰でも知っているように、「古事記」の中にはスサノオノミコトが大蛇を退治するのに、強い酒で酔っぱらわせたヤマタノオロチ神話がある。この酒は八塩折の酒、つまり薄い酒を水がわりに使ってさらに発酵させた重醸酒で、明らかに紹興酒の技術である。

「万葉集」を読むと大伴旅人が、呑ん兵衛が鬼の首をとったように喜びそうな「酒の名を聖と負ほせし古の大聖の言のよろしき」とか、「酒飲まぬ人をよく見ば猿にかも似む」と詠んだ歌が出てくる。とにかく、大和民族は祖先の時代から大酒飲みだった。

そのころの日本のお酒がどんな代物だったかこれも定かではないが、今でも台湾の山岳民族が造っている、口嚙み酒だったらしい。お米を嚙んで置いておくと、唾液の中のジアスターゼが働いて澱粉が糖分に変わり、それに野性酵母がつくと発酵して酒らしくなる。どういうわけかわからないが、米を嚙むのは処女に限られていたそうだ。平安時代になって新羅人がやってくると、酒造りの最新技術も持ってきたから、大和民

右：中国の国民酒「白酒」。これは「孔府家酒」というブランドで孔子誕生の地で生産
左：日本酒のルーツ「紹興酒」。古酒の逸品も

族の酒造り技術は急発達して、貴族達は数種のお酒を飲んでいた。これはちゃんと文献に残っている。

鎌倉時代になると酒の売買がビジネスとして通用するようになり、その弊害が目に余るので幕府が度々禁止令を出したが、守られなかったそうだ。しかも、酒造りの張本人は主に神社や寺だった。「薫酒禁入門」と、お寺は酒を飲んではいけないはずだが、坊さん達は「般若湯（はんにゃとう）」と称してせっせと飲んでいた。江戸時代になると、医学者とも言える貝原益軒（かいばらえきけん）が『養生訓』の中で、「酒は天下の美禄、陽気を助け、血気を和らげ、食気を廻らし、愁を去り、興を発し、甚だ人に益あり」と教えた。

とにかくわれらがご先祖様達が、酒好きだったことは歴史的事実で、それを面白くまとめられたのが、和歌森太郎さんの『酒が語る日本史』（河出書房新社）。わが日本は「女ならでは陽のあけぬ国」だけでなく「酒なくては夜のあけぬ国」だったんだとなると、子孫のわれわれも少し見習わなくちゃならない。

西欧では、文明の発祥と言えるメソポタミア時代に早くもブドウから造ったワインが飲まれていて、世界最古の叙事詩「ギルガメシュ叙事詩」の中に旧約聖書のノアの方舟物語とそっくりなくだりがあり、船を造った人々にワインが振る舞われている。イエス・キリスト様が新約聖書の中で「ワインはわが血」とおっしゃって以来、

『酒が語る日本史』
和歌森太郎（河出文庫）

郵 便 は が き

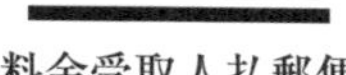

料金受取人払郵便

小石川局承認

1598

差出有効期間
平成29年 8 月
2日まで

112-8731

東京都文京区音羽二丁目
十二番二十一号

講談社 第二事業局
生活実用出版部 行

愛読者カード

今後の出版企画の参考にいたしたく存じます。ご記入のうえご投函ください ますようお願いいたします(平成 29 年 8 月 2 日までは切手不要です)。

ご住所 〒□□□-□□□□

お名前
(ふりがな)

生年月日(西暦)

電話番号

性別 1 男性 2 女性

メールアドレス

今後、講談社から各種ご案内やアンケートのお願いをお送りしてもよろしいでしょうか。ご承諾いただける方は、下の□の中に○をご記入ください。

□ 講談社からの案内を受け取ることを承諾します

TY 000070-1504

本のタイトルを お書きください

a　**本書をどこでお知りになりましたか。**

1 新聞広告（朝、読、毎、日経、産経、他） 2 書店で実物を見て
3 雑誌（雑誌名　　　　　　　　　　　　　） 4 人にすすめられて
5 DM　6 その他（　　　　　　　　　　　　　　　　　　　　）

b　**ほぼ毎号読んでいる雑誌をお教えください。いくつでも。**

c　**ほぼ毎日読んでいる新聞をお教えください。いくつでも。**

1 朝日　2 読売　3 毎日　4 日経　5 産経
6 その他（新聞名　　　　　　　　　　　　　　　　　　　）

d　**値段について。**

1 適当だ　2 高い　3 安い　4 希望定価（　　　　　　円くらい）

e　**最近お読みになった本をお教えください。**

f　**この本についてお気づきの点、ご感想などをお教えください。**

ワインは人々の生活と切っても切れないものになった。

カトリックに反抗しプロテスタントの発起人となったルターは、謹厳なお坊様のはずだが「酒と女を愛さぬ者は、一生を阿呆で過ごすのだ」と、禁酒論者が聞いたら顔をしかめそうなことを言っている。ギリシャの医学の始祖ヒポクラテスは「ワインは薬として最も美味しいもの」と書いている。

ドイツの作家ゲーテは「ワインのない食事は、太陽の出ない一日」と言ったし、『三銃士』を書いたデュマは「神は人を創った。人はワインを創った」と喝破している。プロテスタントの国アメリカでは、お堅いはずのリンカーンが「酒を飲んで害があるとすれば、酒が害だからでなく、素晴らしいものだからつい飲みすぎてしまうからだ」と弁護している。

地球的視野でみると不思議なのが、ワインの分布。メソポタミアを発祥地とするワインは、いったんは南のエジプトまで広がるが、その後進路を変えて西へ行き、ヨーロッパ全域に分布する。ところが東進はしない。ワイン好きのアレキサンダー大王が、ペルシャまで侵攻したにもかかわらず、中国を含めた東南アジアは、ワインの不毛地帯だった。

その中での、西欧文明と日本との遭遇。日本人がワインを知ったのは、織豊時代。ポルトガルの宣教師の持ってきた文物を、新しもの好きの信長は珍重したが、ワインは飲みそこなっている。秀吉のほうは博多でイエズス会士の乗った船を訪れてワインを飲んでいる。侍従の石田三成は堺の商人達と南蛮茶会と称して盛んにワインを飲んでいた。ただ、家康の時代になると鎖国政策のため外国文物はご法度になり、以後日本は三百年間ワイン不毛の地となった。

明治時代になると、岩倉使節団がヨーロッパでワインが重要な産業になっているのを知り、新産業育成の国策の一環として、ワイン造りを奨励した。しかし、日本人の食生活がワインになじまなかったため、多くのワイナリーは挫折。神谷伝兵衛や鳥井信治郎が考案した「蜂ブドー酒」や「赤玉ポートワイン」だけが広く普及した。

明治大正時代でもワインが飲まれないはずはなく、飲んだ人々もいたわけだが、それは舶来物で高く、ごく一部の人に限られていた。そうした日本のワイン事情を激変させたのが、第二次世界大戦後の貿易自由化とバブル経済だった。ワインが自由に、安く買えるだけでなく、グローバリゼーションの大波が、日本市場に奔流の如く押し寄せて来た。そのためいろいろな国の多種多様のワイン（今まで見ることも知ることも出来なかったワイン）が酒屋の店頭にあふれ返るようになった。また同時に日本人の食生活も変わったので、ワインが広く（家庭でまで）飲まれるようになり、ワインが珍しいものでなくなり、大衆のものになっていったのだ。

今の若者はそうした状況を、ごく当たり前に受けとめているが、昔はそうではなかった。昔と

サントリーの前身「寿屋」の「赤玉ポートワイン」のポスター。
モデルの半ヌードに人々は大騒ぎした

言っても何千年のワインの歴史の中で、わずか五十年ほど前の話なのである。ワインと言えばフランスワインで、ワインは料理の奉仕者だから、フランスワインを知るにはフランス料理も知らなければならなかった。

僕は、ワインは単なる飲み物ではなく、一つの文化現象だと考えていた。それを知るためにパリに行き、さらにフランス各地を歩き回り、数多くのカルチャーショックを受けた。そして、知る喜びを味わうとともに、幾多の失敗の門をくぐらなければならなかったのである。

あれやこれや、そんなことで長い年月を送ってきた。ある日、お腹の上のあたりが少し出っ張りすぎているのが、肝臓肥大とやら言うのではないかと心配になって、虎の門病院に行った。スキャンを撮った医者は、「肝臓がかなり白く写っている。中期の脂肪肝だ。君！　週に二日くらいは休肝日にするんだな」。

これを聞いた僕。「先生、実は毎年お正月に、今年こそは週に一度休肝日にしようと堅く心に誓うんですが……。それがなかなか守れなくって……。それじゃあ、月に一回はと思うんですがそれも駄目で。せめて年に一回と自分に言い聞かせるんですが、それもやっぱり駄目で……」

賢く見せるためか、澄ました顔をしていた看護婦さんが、まずプッと吹き出し、それにつられて先生も大笑い。「わかったよ君、じゃあ量を減らしなさい」。以後、その訓え(おしえ)を拳々服膺(けんけんふくよう)して、今日の八十四歳まで生きのびている。

なぜ、ワインを飲むのか？

ワインを飲むには理由（わけ）がある。僕のように女性と一緒に飲んでその頬がピンクに染まるのを眺めたいからだという不謹慎な男もいるが、人によってさまざま。日本ではあまり知られていないが、英国にキングズレー・エイミスという人気作家がいる。英国文壇の「怒れる若者達」というグループの一人だったが、晩年はワインの名コラムニストとして活躍した。

そのエイミスが書いた『ON DRINK』という本がある。吉行淳之介さんが英文学者の林節雄さんと共訳した。邦題は『酒について』（講談社）。実に洒脱な名訳で、それだけ読んでも楽しいが、お酒の功徳のオンパレード。この本の中で、エイミスはこんなことも書いている。

「最近あるアメリカの調査団が下した結論によると、アルコールが人間をリラックスさせたり、突っかい棒になったりしてくれなかったら、西欧社会は第1次世界大戦のあたりで崩壊してしまって回復の見込みがなくなっていただろうということだ。酒がこの人間の社会から無くなることなどありはしないし、もし酒がなくなるようなことがあれば、われわれ人間もまたいなくなってしまう……」

『酒について』キングズレー・エイミス／吉行淳之介、林節雄訳（講談社）

確かにお説の通り。現在の都市生活はもっと状況が悪化していて、鉄とコンクリートの建物の中で生き、一歩外へ出れば、自動車と危険だらけ。急行電車もヒコーキも考えると危ない。職場では業績を上げるのに夢中の、うるさい上司。ヘトヘトになって家に帰れば、目を三角にした奥方が待ち受けている……。つまり誰もがストレスだらけの人生を送らなければならないので、ストレスの発散・解消の解毒剤と言えば、なんと言ってもお酒なので、酒は現代社会で不可欠の必需品なのだ。日本では「駅前焼き鳥」が民族の大発明。ここで飲んでいる連中の話を聞けば、誰もが職場の上司の悪口か、自分が認められない不満。この大衆酒場で鬱憤をはらしてから帰るから、家庭は平穏無事。

お酒、ことにワインの中でも、人を酔わせるという点ではトップ級の魔力を持つのがシャンパン。そのシャンパンについて次のような名台詞を言ったのは、ナポレオンということになっている。

シャンパンは、戦いに勝ったときは飲む価値があり
戦いに負けたときは飲む必要がある

若き日の吉行淳之介さん。
一見、いつも渋そうな顔の吉行さんも
ワインを飲むとこのとおり

劇的に変わった世界のワイン事情

ワインの道に踏み迷ってから、ヨーロッパ諸国の多くのワイン関係者と語りあってきたが、最後はどうしても「良いワインとは何だろう?」という話題に行き着く。そこでどんな答えが戻ってくるか、ジョークを作ったことがあった。

イタリア人「良いワインなんか、わが国にはいくらでもあるんだ。何でそんなくだらないことを考えるのかね!?」
スペイン人「今までそんなことを考えたこともなかった……」
フランス人「なかなか良い質問だ。飲みながら考えようじゃないか」
ドイツ人「良いワインというのは、法律で決められているし、理論的に決まる」
イギリス人「良いワインというのは、私の祖父が飲み、父も飲んだワインさ」
アメリカ人「決まっているじゃないか。値段の高いワインだ」
そして、日本人「家に帰って、本を読んでから答えます……」

もちろんこれは、今は昔の一九七〇年代初頭に僕が作ったジョークである。その後でいろいろ変わった。二十世紀最後の二十五年間で、世界のワインは劇的に変化した。そのことは有名なヒュー・ジョンソンの『ワールド・アトラス・オブ・ワイン』の第五版が、第六版（邦題『地図でみる図鑑　世界のワイン』産調出版）に改版される際、全面的に改訂されたことでもわかる。

脳天気なイタリア人は、昔はやっかいな輸出手続きを敬遠してワインは自分達だけで飲み、輸出したのはもっぱらあの藁苞（わらづと）入りの酸っぱい「キアンティ」（赤ワインだが白ブドウも混ぜていた。現在はその比率が低下）だった。「バローロ」という名酒はあったが、外国ではあまり知られていなかった。その「キアンティ」が「キアンティ・クラッシコ」と呼ばれる上級ワインに変身し、今ではその故郷のトスカーナ州産の「スーパー・タスカン」と呼ばれる名酒が、世界の飲み手の垂涎（すいぜん）の的となっている。また「サッシカイア」というスーパースターも生まれて、イタリアワインを大変貌させる牽引車的存在になっている。

ヴェネト州の白の「ソアーヴェ」と赤の「ヴァルポリチェッラ」は輸出ワインの新スターになった（「ソアーヴェ」などは輸出の大成功にあぐらをかいて人気が落ちたが「クラッシコ」と名づけた上級品で失地回復をねらっている）。またトスカーナ州の「ヴィーノ・ノビレ・ディ・モンテプルチャーノ」やピエモンテ州の「バルバレスコ」が頭角を現し、日本でも愛好者が増えているのはご承知の通り。

右：今では少なくなった藁苞入りの「キアンティ」
左：イタリアワインに革命を起こした、元祖スーパー・タスカン「サッシカイア」

また、スペインワインの大飛躍ぶりも目覚ましい。ピレネーを越えるとヨーロッパではないと小バカにされていたスペインは、フランコ将軍の民主政権に対する弾圧や、第二次世界大戦中の独伊協力政策が祟って、大戦後ヨーロッパ諸国からつまはじきにされていた。それがアメリカとソ連の冷戦体制のおかげで、EU経済圏に入れてもらえることになった。国をあげての輸出振興策の中にワインもあった。日本でスペインワインと言えば「シェリー」と「リオハ」くらいしか知られていなかったが、「ベガ・シシリア」の大成功に刺激され、各地で名酒造りに取り組み、「プリオラート」「リベラ・デル・ドゥエロ」「ビエルソ」「リアス・バイシャス」など、世界の注目をあびるワインを生み出すようになった。また発泡ワインの「カバ」は華麗な変身ぶりで、泡ものとしてはシャンパンに次ぐ世界第二の生産量を誇るようになった。

フランスはワインの王国。ボルドーとブルゴーニュの名酒は世界最高のワインの故郷として昔も今も敬意の目で仰がれているが、肝心のフランス人は生来しまり屋。「フランスワインのバイブル」と呼ばれる本を書いたアレクシス・リシーヌなどは、「フランス人にワインを飲むルールなどない。あるとしたらただ一つ。高いワインを飲まないことだ」と冷やかしていた。ところが最近は事情が変わり、全体的なワイン消費量は減ったが（安酒ガブ飲みの親爺達が減った）、飲むワインは良いものを選ぶようになったことが、統計上明らかになっている。

イギリスと言えば、自分のところでワインが造れないから（ごく最近は南部でわずかだが造る

スペインワインへの偏見を打ち破り、世界の名酒入りをした「ベガ・シシリア」。逸品「ウニコ」の最上品は６万5000円もする

ようになった)、もっぱら世界各地のワインを輸入して飲んでいた。いろいろ違うワインを飲んでいれば、どうしても比較して評論するようになる。そのためにワインジャーナリズムの発祥の地となった。英語が世界語であることが、その発展の助けになった。世界のワイン愛好家を増やしたし、英国人自身にもワイン党が増えている。

日本では、ワインは舶来物で高いものだった。上流階級や知識層だけが飲んでいたから、どうしても知識偏重の頭でっかちになっていた。しかし貿易の自由化とバブル経済が引き金になって状況が一変した。食生活の変化がワインの普及を助け、赤ワインが健康にいいという話題が多くの酒飲み達の視線を変えた。またワインだと女性が飲んでも白い目で見られなくなった。若者と女性達が日本人の飲酒動向を激変させた。

二〇一五年、遂に輸入ワインの第一位をフランスがチリに譲り渡した。そのチリワインの消費状況を見てみると約二割五分が業務店用、約七割五分がスーパーやコンビニに行っている。ということは、それらが家庭で飲まれているということである。本来、ワインは庶民大衆のものだし、日常消費するものなのだ。毎日誰もが飲むからには、安くなければならない。ワインはもともと安い日常消費用のものが本来の姿で、その中のごく一部が高級品なのである。生活必需品としてのワインが原則で、高級嗜好品ワインは例外である。歴史的事情から日本人のワインの受けとめ方、考え方がその本来のものと逆になっていたのであって、明治から百年たってやっと当たり前の飲み方がされるようになった。かくして、日本のワイン元年が始まったのである。

高騰のからくり

世界最高峰のワインの一つ、フランス・ブルゴーニュ地方の「ロマネ・コンティ」。一本数十万円もの破格値で取り引きされるが、なぜ高価なんだろう?

その昔、自称ワイン通なるお方が『ワインの常識』(岩波新書)なる本を書いた。「ロマネ・コンティ」の高価にもケチをつけ、現地へ行って見たところ畑は他のところと少しも変わらない。だからおかしい、と書いたくだりがあった。このお方は上辺(うわべ)だけを見て肝心のことを知らなかったんだ。この本についてはあまりひどいことばかり書くので、『岩波新書「ワインの常識」と非常識』(人間の科学社)という本を書いて反駁(はんばく)しておいた。

「ロマネ・コンティ」のワインが秀逸になる秘密は、第一に畑の特殊性にある。黄金丘陵(コート・ドール)と呼ばれる、なだらかな東南向きの斜面の中腹にあるが、一見したところ確かに他の畑とたいした違いはない。ところが、地下が複雑な地層となっている。目に見える表土は小石まじりの赤褐色の粘土。ところが目に見えないその下が、ピンクのしま模様の入った石灰岩、その下はボロボロの粘土とカキ殻の堆積したカルシウム系泥灰土、さらにその下は原始海生物(海ユリ)の関節からなる硬質岩石、といった具合である。歳をとるにつれて地下深くに根を伸ばしたブドウは、複雑な各層の成分を吸い上げて、果実に凝縮させる。その果汁がワインに変身するのだ。

また、この畑は基本的に東向きだが、地表がわずかだが北に向いて傾斜している。そのため朝日を早くからあびる。ブルゴーニュのようなやや寒冷地では、日照がブドウの生育に決定的な影響を与える。

この恵まれた畑での、ブドウ栽培も尋常ではない。植えているブドウがピノ・ノワールである点は他と変わりがないが、長年名声を築いてきた樹のマサール・セレクション（新しく植樹する場合、畑の中の一番良い樹の枝を使って苗木を作る）。植樹率は一ヘクタール当たり一万千二百五十本から一万四千本という超密植（密植するとブドウは根を横に広げられないので地中深くに伸ばす）。しかも枝を厳しく剪定し、過剰と思われる果房はまだ緑色の小さいうちに切り取ってしまう。日本の勝沼のブドウ園に行くと一本の樹に百房から二百房も枝もたわわに実らせている。一見実に見事な光景だが、ワインにすると話は別である。収穫する房の数が少ないほど、ブドウはその成分を凝縮させるのだ。

「ロマネ・コンティ」のワインの醸造技術が高度なものであることは言うまでもないが、今日でもステンレス・タンクを使わず大樽で仕込んでいるし、発酵期間も低温にして非常に長い。ま

「ロマネ・コンティ」とその畑。
一辺が150メートルの正方形。
年産約6000本

た、ワイン通が目の敵にするシャプタリザシオン（糖分添加）もやっているが、それについても独自の理由がある。当主ヴィレーヌさんの信念は、

「ピノ・ノワールは、土地の素質を最も鋭敏に反映する品種。私たちのできることはその力を引き出すだけ」

本書はワイン生産の技術の詳細を説明する本ではないから、詳しいことには触れないが、世界最高とされるワイン造りがどんなものであるかを知りたければ、「ロマネ・コンティ」のワイン造りの詳細を書いた本が二冊あるから（『ロマネ・コンティ』リチャード・オルニー著／TBSブリタニカ、『ル・ドメーヌ・ド・ラ・ロマネ・コンティ』ゲルト・クラム著／ワイン王国）、それをお読みいただきたい。価格を決めるのは品質だけではない。なんと言っても生産量。わずか一・八八ヘクタールの畑で、年間五千七百本ほどしか生産されない。同じ世界の名酒と尊敬されるボルドーの「シャトー・ラフィット」は畑の面積が九十四ヘクタール、年間生産量は平均して二十四万本。数がけた違いに少ないのである。

稀少品、手に入れるのにお金を惜しまないミリオネアが世界にいくらでもいるから、どうしたって値がつり上がるわけだ。さらにまれな熟成能力で、二十年くらい寝かさないとその真価を発揮しないから、その年まで飲まずに残されたものは、当然「貴稀品」になる。世界のワイン愛好家の垂涎の的で、オークションでは高値を呼び、投機対象にもなっている。いずれにしても「ロマネ・コンティ」の高騰は、人為的なもの。ワインに罪はない。

美しいミイラか骸骨か？（ワインの熟成について）

「フランス人はワインを早く飲みすぎ、イギリス人は遅く飲みすぎる」

と言ったのは、英仏両国に精通したワインライター、アレクシス・リシーヌだ。英国人はポートの古いものを飲む習慣があり、ボルドーワインもよく飲む。ボルドーワインはよく瓶熟成させないとその良さを発揮してくれないから、どうしても遅飲みの習慣が身についたのだろう。

ブルゴーニュのヴォルネイ村のワインは、知る人ぞ知る通人向きのもの。今日ではブルゴーニュワインの名産地コート・ドールの中でも、北のコート・ド・ニュイ地区の「シャンベルタン」「ロマネ・コンティ」「クロ・ド・ヴジョー」が有名。しかし、昔は南のコート・ド・ボーヌ地区のヴォルネイ村のワインが最高と考えられていて、王侯貴族の愛飲酒だった。ルイ十一世などは、ヴォルネイがいたくお気に召していた。

この村きってのワイン造りの名手、いや全ブルゴーニュで名手として尊敬されているうちの一人が、ユベール・ド・モンティーユ爺さん。ワイン好きの人なら、おそらく見ただろうが『モンドヴィーノ』という映画があった。世界のいくつかのワイナリーを取り上げて、現代のワイン造りの風潮を痛烈に皮肉った異色のノンフィクション。ワイン造りの魔術師とまで呼ばれ、現在超売れっ子のワインメーカー、ミシェル・ロランが俗臭芬々たる男であることをからかったり、ボルドーワインの相場を左右する力を持つワイン評論家ロバート・パーカーを誉めなかったり、胸がすくような思いをした人もいたはず。その中に、尊敬に価する人物として出てくる。

このモンティーユ爺さんの元本業は、弁護士。同業のよしみと言うか、最初にお会いしたときから意気投合。長くご交際、というよりご指導をいただいている。厳しい顔に似合わず、僕には陽気で気さくだった。毎年のように訪問しているうちに、単に唎き酒するだけでは能がない、何かテーマを決めてやろうということになり、ワインの「ピーク＝飲みごろ」についてやることにした。というのも、フランス人は若いうちに飲みすぎるというリシーヌの話をしたからだった。ラベルなしのボトルを並べ（モンティーユさんにもわからないようにして）、唎き酒してその年の収穫年を当てっこするというもの。

もちろんモンティーユさんが勝つに決まっている。ただしワインが熟成のピークにあるかどうかというテーマになると、当たる当たらないは別として、僕とモンティーユさんとは必ず意見が違っていた。モンティーユさんが、これがちょうどいいと言うワインは、僕が選んだワインより、必ず三〜四年ないし四〜五年若いのだ。フランス各地のワイナリーを訪ねるようになって気

右：『モンドヴィーノ』
DVD販売元：東北新社
左：「ワイン界の帝王」
ロバート・パーカー

がついたことはいくつかあるが、その一つが飲みごろ、つまり「熟成のピーク」という問題だ。この点の判断ということになると、ワイン生産者のほとんどが比較的若いワインが好きで、英国人のように古酒を有り難がらない。これは僕の推理だが、ワイン生産者は出来たてのワインを飲むのが日常だから、どうしても舌がそれに馴れっこになっているのだろう。

もう一つはワインの「熟成能力」。生まれたところで貯蔵保存されていたワインは、寿命が長い。と言うより、外に出たワインより歳をとるのが遅い。ある事件（買い手である日本の輸入業者の、フランスの生産者に対するクレーム）があってから、日本に輸入されたブルゴーニュのあるドメーヌのボトルを、そのドメーヌまでわざわざ持って行き、そこの貯蔵庫にある同じワインの同じ収穫年のものと飲み比べてみるということをした。すると輸送条件にもよるが、大体半年から一年ぐらい、輸入物の方が歳をとっている（熟成が進んでいる）ことがわかった。

それに気がついて、生産者のところで寝ている、かなり歳をとったもの（十〜二十年）を手に入れて、日本で同じ年のものと比較試飲してみた。やっぱり熟成度が違う。わけが知りたくていろいろと尋ねてみたが、理由を説明出来る人がいない。過去の経験からすると、絶妙のコンディションにあった非常に古い年代物は、どれもが生まれた蔵で歳をとったものだった。

あるとき、僕が年代物の古酒の話をすると、モンティーユさんが言った。

「ミスター・ヤマモト、ワインというものは歳をとりすぎると、骸骨になるか、または美しいミイラになるんだ」

言われてみれば、確かにそうなのだ。あるものはワインの諸要素がバラバラになって、とても飲めたものではなくなる。また、実に美しく熟成したように見えながら、ワインとしてはミイラになっているというのもある。

どんな極上名酒でも、歳をとりすぎると骸骨かミイラになる。そのことを取り上げて、日本のワイン関係者を驚かしたのが、開高健さんの『ロマネ・コンティ・一九三五年』（文春文庫）だった。「ロマネ・コンティ」の一九三五年についてこう書いている。

「酒は力もなく、熱もなく、まろみを形だけでもよそおうとする気力すら喪っていた。ただ褪せて、水っぽく、萎びていた。衰退を訴えることすらしないで、消えていく。（中略）滴の円周にも、中心にも、ただうつろさしかなく、球はどこを切っても破片でしかなかった。酒のミイラであった」

熟成という点で、世界のワインの中で例外中の例外が、ボルドーの赤の「一流シャトーもの」。それらは二十年から二十五年寝かせないと、本来の力を発揮しない。もっとも、最近は比較的早く飲めるように仕込む傾向にあるが。ボルドーに限ってこうしたワインが生まれたのには、いろんな歴史的な事情がある。日本で、ワインは古くないと駄目だという迷信が生まれたのは、昔の日本に輸入されていたのが、もっぱらボルドーワインだったからだ。逆に、最近、ボルドーの一流シャトーものを、長く瓶熟成させないで飲んでいる人が多いのが残念だ。

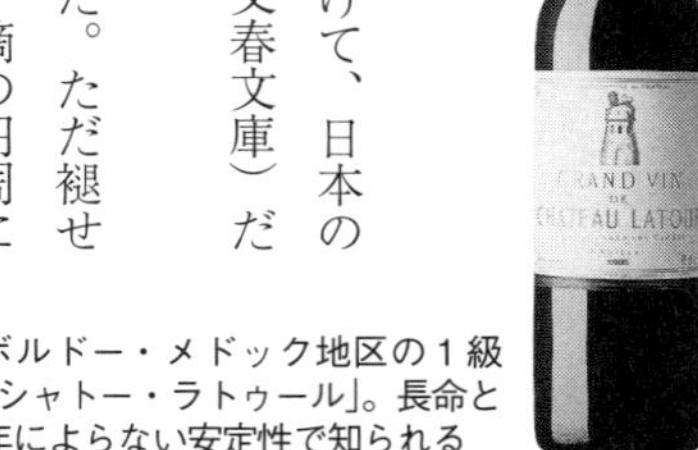

ボルドー・メドック地区の１級「シャトー・ラトゥール」。長命と年によらない安定性で知られる

ロゼの浮き沈み

戦後の一時期、「マテウス」というポルトガルのロゼが大流行したことがある。これは実は「ヴィーニョ・ヴェルデ」（緑のワイン）地区のもので、新鮮（フレッシュ）で、うっすら甘く、軽やか。そうした味わいのワインというのは、日本人にとって初めてだったし、飲みやすかったからだろう。ロゼ人気は日本だけではなく、第二次世界大戦後のアメリカを中心に、世界でロゼが大流行した時期があった。赤か白か迷わなくてすむし、ワイン選びが面倒くさくないから、ワインの初心者に便利だったのだろう。しかし、赤と白の両方を兼ねるというのは、便利なようでもあるが、少しワインを飲んでくると、どうも物足りない。やっぱり、赤か白かはっきりさせた方が、ワインの良さがよりわかる。そうしたことからか、ロゼは一時下火になってしまった。

パリなどに行って、地元のレストランに入ると、ロゼを飲む客には滅多にお目にかからないが、ソペクサ（フランス食品振興会）の資料によると、二〇〇三年から二〇一三年の間にロゼの消費量は五十パーセント増になっているから、流れが変わってロゼが大復活したのだろう。もっともアメリカ人はロゼが大好きで、フランスから大量に輸入している。

昔はロゼと言えば、北仏ロワール地方の「アンジュー」と、南仏コート・デュ・ローヌの「タヴェル」がフランスのロゼの代表格だった。「アンジュー」は淡いピンク色で美しく、軽やかで薄甘口、後味が爽やか。「タヴェル」はやや橙色がかって濃く、純辛口。ボディがしっかりしていて、こくがあり、飲みごたえがある。

一方、南仏プロヴァンス地方は、ロゼの大産地。ニースやカンヌ、サントロペなどの観光客相手に売りまくっていた。だが、ここもロゼの人気の影が薄くなると、「アンジュー」が赤に路線を切り換えているのと同じように、「バンドール」の赤が頭角を現してきた。今では昔話だが、フランス人に心臓病が少ないのは赤ワインを飲んでいるおかげだという「フレンチ・パラドックス」理論が一世を風靡したことがある。日本でも、ワインを飲んだことのないお年寄りが酒屋に行って「身体にいい赤ワインをくれ」と注文するという笑えない話があった。

しかし、ロゼもいいものは素晴らしい。南仏エクス・アン・プロヴァンスの近くに「パレット」というロゼがあり、ここの「シャトー・シモーヌ」は令名が高い。訪問客を受けつけないという話は聞いていたが、一計を案じてアポイントなしにお邸（やしき）の庭に車で乗りつけた。さあ大変。あっという間に十数匹のドーベルマンが飛び出してきて、車を囲んですごい勢いで吠えるこ

右：「マテウス・ロゼ」。誰もが一度は飲む。
ソムリエの田崎真也さんもこれでワインに目覚めた
中・左：「ロゼ・ダンジュー」と「タヴェル・ロゼ」

と吠えること……。大騒ぎを聞きつけて、ご主人が現れ、救出してくれた。異邦人ゆえにご容赦をと、しきりに詫びると、ご機嫌をなおしたご主人がシャトーを案内してくれた。ロゼと言っても清楚、精妙、気品があって、生き生きとしていて、口に入れれば、血が洗われるが如し。その素晴らしさに惚れ込み、日本に帰って、取り寄せてみると全然駄目で、新鮮の影も形もない。旅が出来ないワインというものがあることを知った。

と言っても、当時は全て船便。灼熱のインド洋を越えて四十日くらいかかった（船があちこち途中で荷を降ろすため停泊した）。今では期間も縮まったし、冷蔵（リーファー）コンテナがあるから、もう一度挑戦してみようかと考えている。

今では、ロゼもいろいろなものが日本に入るようになった。ブルゴーニュの「マルサネ」のロゼはボディがひきしまって辛口できりっとしていて、なかなか悪くない。「アルボワ」のロゼは色が濃い。シャンパーニュ地方にも知られざる「ロゼ・デ・リセ」の逸品がある。北フランスにはちょっと変わった「ヴァン・グリ」がある。意味は〝灰色のワイン〟だが、実物は色が淡いロゼ。これに似たのがカリフォルニアの「ホワイト・ジンファンデル」、愛称が「ブラッシュ・ワイン」。これは赤ブドウのジンファンデルを使って白ワインに仕立てたもので、うっすらピンクがかっている。カリフォルニアでは一時期、大流行したことがあった。

ロゼ人気を象徴するハリウッド系の２本。Ｂ・ピットとＡ・ジョリー夫妻が造る「ミラヴァル・ロゼ」（右）とボトルが何とも優美な、Ｆ・コッポラの「ソフィア・ロゼ」（左）

黒ワインとマルベック

昔、子供の歌うしりとり歌に、イロハニ、コンペイトーというのがあったが、ワインにもイロイロ色があって、名前になっている。

薔薇の花は黄色から紫色まであるのに、フランスでは桃色のワインは「ヴァン・ロゼ」と呼んでいる。おかしいと考えたのかアメリカでは「ピンク・ワイン」。日本ではピンクと言うと悪い連想をするからロゼ。

白ワインもイロイロだ。色はまさに透明、水と見まがう「ブラン・ヒュメ・ド・プイィ」というのがロワールにある。ブランは〝白〟の意味だが、シャンパンに「白の白（ブラン・ド・ブラン）」というのがある。白ブドウのシャルドネだけで造る。普通のシャンパンは黒ブドウのピノと白ブドウのシャルドネとをブレンドして造るから、それを強調したいわけ。その逆に「黒の白（ブラン・ド・ノワール）」は黒ブドウのピノだけから造ったもの。ジュラ地方に「黄色のワイン（ヴァン・ジョーヌ）」というのがあり、これはかなり特殊なもの。北フランスには「灰色のワイン（ヴァン・グリ）」というのもある。これは淡いピンク。ポルトガルに「緑のワイン（ヴィーニョ・ヴェルデ）」というのがあるが、色は緑ではなく、赤と白。スイスには「山ウズラの目（ウーユ・ド・ペルドリ）」というのがある。こちらは、ちょっとセピアがかったロゼ。さらにモロッコには「玉ねぎの皮（ブリュール・ドニョン）」というのがあるが、これもロゼ。

　ところで「黒」があるかと言えば、ちゃーんとある。フランス南西部、カオール地区のワイン。昔、ここの赤ワインは色がすごく濃かったので「黒ワイン（ヴァン・ド・ノワール）」と呼ばれて珍重された。色が濃いだけでなく、味も濃かったので、飲みごたえがあったからだろう。もっとも最近は、黒すぎると消費者に鈍重そうな印象を与えるというので、色はあまり濃くなくなった。それでも、古風な「カオール」は残っているし、良い生産者の造るものはなかなか面白い。

　このワインを生むのはコットまたはオーセロワと呼ばれるブドウである（プレサックと呼ばれた時代もあった）。「呼ばれる」とまわりもった言い方をしたのは、実はこのブドウは「マルベック」だからである。マルベックと言うと聞き慣れないかもしれないが、昔は重要なブドウだった。どうやらボルドー生まれらしく、一八世紀にはマルベックはボルドーの主要品種だった。それがいろんな理由があって、ボルドーの中心産地では、カベルネ・ソーヴィニヨンに取って代わられて姿を消してしまったのである。今でも、ボルドーでもマイナーな地区では、ひっそりとブレンドに使われている。

　なぜこんな話をしたかというと、所変われば育ちも変わるからである。現在ワイン新興国として注目を引いているのは、南米アルゼンチン。チリに追いつき追い越そうと懸命である。ここの主要ブドウが、

右から黄色ワインの「シャトー・シャロン」。そして黒ワイン「カオール」。「カオール」と同品種によるアルゼンチン産の「マルベック」

実はマルベックなんだ。アルゼンチンのワイン生産の中心は「メンドーサ」で、地図で見るとチリのサンチャゴのすぐ東である。ただ、その間に標高六千メートルものアンデス山脈が峰を連ねている。メンドーサもその山麓地帯で、標高七百～一千四百メートル、北部のサルタ州には三千メートルを超える地のブドウ畑もある。しかも不毛の砂漠のような乾燥地帯。ただ、アンデスの雪解け水がふんだんにあるから、大がかりな灌漑施設でオアシスのようなブドウ栽培地帯が出現した。

アルゼンチンはかなり前から、大量のワインを生産していたが、国民のほとんどがスペイン系かイタリア系で、造るワインは国内で消費し、輸出をしなかった。しかし今では、国をあげてワインの輸出に取り組んでいる。

知っている人は知っているが、日本の千円を切る価格帯のワインのほとんどは外国産原料（ワインまたは濃縮果汁）を使っている。その外国産原料は、かつては東欧ものが多かったが、今はチリとアルゼンチンが多い。日本にも良いアルゼンチンワインが広まるのは、そう遠い先の話ではないだろう。また、この外国産原料ワインを目の敵にする人がいるが、日本の国産ワインは原料にするブドウのコストが高いから、ワインをそう安くは造れない。ワインが本来日常的なものと考えれば、安くなければならない。味噌汁や納豆、蕎麦まで外国産原料を頼りにしている時代、ワインだけを差別待遇するのは筋が通らない。お味噌や蕎麦と違ってワインは本来外国のものなんだ。

シャンパングラス。モデルは王妃のおっぱい

シャンパンはワインなんだが、いろんな点でフツーのワインとは違う。どこが違うのか好奇心のある方は拙著『シャンパンのすべて』（河出書房新社）をどうぞ！　僕はシャンパンが大好きで、ぞっこん惚れこんでいる点は人後に落ちない。そういう前提で、少しくらいやぶにらみ的観察をしても、罰は当たらないだろう。

①シャンパンは他の発泡ワインとどこが違う？

それはなんと言っても酔い心地。最近ことに人気のあるスペインの「カバ」は、確かに口当たりがいいし、おいしい。イタリアの「スプマンテ」はイタリア人と同じように人なつっこい。ドイツの「ゼクト」は実に精妙に造られている。しかしどれも、シャンパンのようには酔えない。シャンパンの不思議さは飲んでいると女性が美しく見えてきて、どうしても抱きしめたくなる。これだけは、他の発泡ワインが真似しようとしても出来ないシャンパンの特技、魔力。

②極上のシャンパンとは？

近年「クリュッグ」の名声がとみに高い。その中で最高とされるのが、単一畑の「クロ・ド・

メニル」。クリュッグのシャンパンが優れていることは決して否定しない。しかしクロ・ド・メニルが好きかと尋ねられると首を横に振る。また「ドン・ペリニヨン」は高級ものとしてあまりにも有名。銀座のクラブとやらに行くと、信じられないお金を請求される。しかし一流メゾンの高級品と一度並べて飲み比べてみたらいい。誰だって首を振るだろう。「サロン」なるシャンパンは、ワイン通の中で評価が高い。しかし僕はこれを飲んで心が躍ったことはない。なにを言いたいかというと、ことシャンパンに関するかぎり、最高という宣伝には眉に唾をつけることだ。

③ロゼシャンパンの評価は正当？

　これは白より少し高価。確かに普通のシャンパンより手間がかかっている。しかし、素晴らしい普通のシャンパンがいくらでも手に入るのに、なんでこんなものに手を出すのだろうか？　ただし、あらゆる原則には例外があることを認めるのにやぶさかではない。

④ブドウの産地、品種での優劣評価は正当？

　同じシャンパンでありながら「マルヌ渓谷」沿いのものや南の「コート・デ・バール」のものは、一格低く見られている。また、使うブドウが「ピノ・ノワール」でなくて「ムニエ」のものも同じように低く評価されている。一般論としてはそうかもしれないが、全てがそんなものではない。

各国の発泡ワイン３本。右からスペイン産の「コドーニュ」。イタリア産の「カ・デル・ボスコ」。フランス産の「クリュッグ・クロ・ド・メニル」

⑤シャンパンの発明者は？

ドン・ペリニヨン僧が、「ワインの泡を瓶に閉じこめた」。つまり「発泡ワイン」シャンパンの発明者ということになっている。これは誤り。フランス人は喜ばないかもしれないが、英国人の方が先に造っている。

⑥ブリュット信仰はヘンでは？

シャンパンは辛口でなければならないと信じている人が多い。これなど飲まず嫌いなので、ドイツの「モーゼル」のような世界一の美酒を知らないのと同じ。食事との相性だけで考えるならいざしらず、甘いシャンパンは甘露なんだ。

⑦シャンパンか？　シャンパーニュか？

フランス本国からの要請があったらしいが、最近シャンパンをわざわざ「シャンパーニュ」と呼ぶ人がいる。バカバカしい。日本人は明治以来「シャンパン」と呼んで百年もたっている。ことにフランス語には雌雄がわかる定冠詞というものがあり、その使い分けでワインと地方名の区別がつく。しかし日本語にはそうしたものがない。ワインを「シャンパン」と呼び、地方名の場合は「シャンパーニュ地方」と呼ぶのが正しい日本語訳なんだ。

⑧マリー・アントワネット妃のおっぱい

ふた昔前までシャンパンと言えば、何かのお祝いとか、ホテルの結婚式のパーティーで乾杯用

シャンパン「ペリエ・ジュエ」の地下カーヴ

に使われるだけだった。使うのは「クープ」という平べったい浅いグラス。日本でもシャンパンがよく飲まれるようになると、レストランが「フルート」という細長いグラスで出すようになった。この方がスマートだし、シャンパンの魅力を引き立てたから、ソムリエ諸君が惚れ込み、あっという間に普及して、今ではそれで飲まなければならなくなっている。これだと確かにシャンパンのきめ細かな泡立ちが眺められて楽しい。

しかし、飲みにくいし、残り少なくなったのを飲もうとするとひと苦労する。しかも、本当に優れたシャンパンを飲む場合、生地のワインの良さがよく味わえない。普通の白ワイン用のグラスの方が向いている。ソムリエ諸君にその話をすると「私も前からそう思っていました」という人が多い。それに元気づけられて、皆にすすめている。

平べったいクープグラスが流行(はや)ったのは、それなりの理由があった。平べったいグラスの方が、チビチビなめるのにもグイッと飲み干すのにも便利だ。もう一つに、クープグラスのオリジナルはマリー・アントワネット妃のおっぱいをモデルにしたという伝説がある。その現物というのが現在、世界に二つだけ残っている。なかなか豊かで見事なものである。

シャンパングラスの２タイプ。右が「フルート」で中が「クープ」（東洋佐々木ガラス）。左は「クープ」の原型になったと言われるおっぱいの型。マリー・アントワネット妃のものという

ワインの大恩人？ ワインの世界を変えた一つの小道具

今日、われわれが気軽に酒屋からワインを買って飲めるようになったのは、誰のおかげか？ またお金さえ払えば、かなりいいワインが飲めるようになったのは誰の功績か？ つまり今日のワインを、今の姿にしたものは何か？ 中世の王侯貴族は、今日われわれが飲むような質のレベルのワインは飲んでいなかった。『レ・ミゼラブル』を書いたヴィクトル・ユゴーは、さまざまな名言を残しているが、「神は水しか造らなかった。しかし人間はワインを造った！」というのもその一つ。確かにそうで、自然の恩恵を利用して人間が今日のようなワインを造り出したのである。

数千年の歴史を持つワインは、何回かエポックメイキングな事態が起きて、今日のものになっている。果汁を搾り出す圧搾機の発明や、パスツールの酵母による発酵のメカニズムの解明などがそれだ。それと並んで、ワインを変えた重要な三つの媒体、つまり道具がある。

一つは「樽」。古代ギリシャ人やローマ人は、ワインを造って大いに飲んだ。しかし、その容れ物は「アンフォラ」という陶製の細長い壺だった。陶製の壺は重く、こわれやすい。これはワインの大量輸送と普及の大障害だった。ローマ人が野蛮と見て軽蔑したガリア人（今のフランス人とドイツ人）は、森の人だった。森の中で生活していたから、日常必要な器具の多くは木で作った。そのうち誰が考案したかわからないが、「樽」という道具を作り出した。多分ビールを入れるためだったのだろう。ローマ人がこれに目をつけ、ワインの貯蔵と運搬に使うようになり、ローマ帝国の興隆に伴って、ヨーロッパ中に普及するようになった。

ところが樽を使っているうちに、やがて気がついた。ワインを樽に入れておくと、味がよくなるということである。ワインの「熟成」である。ローマの時代、すでにワインの熟成ということに気がついて、古いワインを飲んだ人達がいたが、それはごくごく例外で、一般化したものではなかったんだ。

近代になるまで、ワインは全て樽入りだった。樽は便利だが、樽で置いておくとワインが饐(す)えた。ことに夏になるとひどかった。お金持ちは胡椒とかいろいろなスパイスを放りこんでなんとかごまかしたが、庶民にはそんなことは出来ない。ひたすら新酒が出るのを首を長くして待った。ボルドーワインの大消費地の英国も同じで、今のボージョレ・ヌーボー騒ぎのように、毎年秋になるとボルドーワインの新酒の到着を待っていたから、ロンドン一番乗りの船が大歓迎された。

樽酒しかなかった中世のワインの世界を変えたのは「瓶」の出現だった。ガラス瓶自体は、ギリシャ時代にすでに発明されていた。それが広く発展し、瓶がいろいろな用途に使われるようになった。ワイン用としては、樽からワインを移し、テーブルに運んで飲む「カラフェ」として普及した。そして「ボトル」へと発展していく。

ところがである。一つ難点があった。「栓」である。栓がないと、ワインを瓶で貯蔵保存出来ない。初めのころの瓶は水で湿らした布を強く瓶口に突っこんでいた。そのうちワインの栓に「コルク」を使うことを思いついた。しかし、コルクで栓をした場合、そのコルクを抜くのは難しい。山男だった僕も、あるとき山小屋で飲もうとワインを二本ほど持って行ったことがあるが、栓抜きを忘れたため、ひどく手こずらされた。つまりワインを瓶で飲むようになるには「栓抜き」の発明が不可欠だったのである。

今、われわれはごく当たり前のように、コルクの栓抜きを使っている。しかし、このちっぽけな道具の発明があってこそ、ワインが今日のように広く普及することになったのだ。コルク栓によって瓶入りワインの長期保存が可能になり、われわれは初めて優れた年代物の熟成ワインを味わうことが出来るようになった。この偉大な発明は誰がやったものか、物好きな多くの歴史研究家が調べているが、未だに歴史の闇に包まれたままだ。ただ、実に多くの形態の栓抜きが考案され、その現物が残っているから、好事家が狙う格好の蒐集（しゅうしゅう）分野になっている。

新規の栓抜きが市場に現れたとき、英国の多くの呑ん兵衛達がどれほど喜び、感激し、感謝したか、多くの逸話が残されている。これからどんなワインが飲めるのか、期待に胸をふくらまして栓を抜くのを眺めるのが、ワインを飲む前の彼らのプレリュード的楽しみになっていた。だから、実に奇妙な形のものまで現れたのである。栓抜きの蒐集品を見るとき、どんな想いでこれを使ったかということに想いを巡らさないかぎり、古い栓抜きは単なるガラクタに過ぎない。

ブドウのペスト、フィロキセラ

『風車小屋だより』を書いたアルフォンス・ドーデに、サフォとあだ名がついた美女の悲恋物語がある。日本語版は『哀愁のパリ』（角川書店）という書名で、なだいなださんの名訳がある。その中に、放蕩者で、家族の厄介者になっていた叔父が、ブドウの害虫退治に成功して地方の名士になったという話が出てくる。害虫はフィロキセラで、退治方法は、畑の冠水だった。

この「フィロキセラ」というのは、日本人には聞きなれない名だが、ヨーロッパ人はこれを聞くと、ペストの如くに怖じけをふるう。日本名「ブドウ根アブラ虫」。アブラ虫と言っても、台所に出没するゴキブリではなくて、花木にたかるアリマキの方。「ブドウ根ダニ」と訳す人もいるが、この方がぴったり。肉眼で見えるか見えないかの微細な昆虫で、根に寄生して根瘤を作り、根をボロボロにしてしまう。それだけでなく、奇妙な生活環を持ち、成虫になると地上に上り、葉に虫こぶを作って卵を生む。それだけならまだしも、やがて羽が生えウンカの如く四方八方へ飛散する。だから、瞬く間に広く伝播（でんぱ）する。

フィロキセラはアメリカ原産の寄生虫で、皮肉にも同じくアメリカから伝播したうどんこ病への対策として輸入した木にくっついてきたらしい。最初に南仏で発見されたのが一八六〇年代で、あれよあれよという間にフランス中に広がり、さらにヨーロッパ諸国に広がってブドウを全滅させた。この虫によるフランスの被害は、普仏戦争の損害に匹敵したそうだ。

当然、国をあげて懸命に対策を練ったが、なかなかうまい駆除法が見つからず、懸賞金までつけて広く退治案を募った。応じてきた退治法なるものも数が多く、ガマガエルを使ったらいいというような噴飯ものまであった。畑を冠水するという方法は効果があって、南仏などで広く行われた（『哀愁のパリ』の叔父が発明したというのは、この方法）。ただ冠水できる畑は平地部のものに限られている。結局、この虫に耐性のあるアメリカ産のブドウの株に、ヨーロッパ種のブドウの枝を接ぎ木するという方法が開発され、それを普及させることによってヨーロッパのワイン産業は蘇生することが出来た。

ただ接ぎ木したブドウから造ったワインは味が劣るという疑念は、長くワイン愛好家の中に残った。実はこの虫の駆除法が、もう一つあった。大型の注射器のような器具に二硫化炭素を詰め、ブドウの根のまわりにそれを注入するのだ。これはあまりにも手間がかかることと、この薬品は取り扱いが悪いと爆発する（揮発性が高く、引火性が強いので、小さな火花でも爆発の誘因になる）という厄介なものだったので、どこでも敬遠されていた。

そんな中で、多額の負担を覚悟の上で、これをやり続けたところがあった。「ロマネ・コンティ」である。残念なことに、第二次世界大戦末期、男手がほとんど軍隊に取られたので、この方法は断念せざるを得なくなった。一九四五年の秋の収穫が終わった後、ブドウの木は全て引き抜かれた。だから「ロマネ・コンティ」一九四五年ものは、フィロキセラ以前のブドウから造った最後のものという世界でも稀な瓶になる。

ところがなんと、その大瓶（マグナム）が一本、日本に残っていた。年代物ワイン商、ピーター・ツーストラップさんが日本に持ち込んだもの。預かっていた虎ノ門のワイン専門店「ヴァン シュール ヴァン」の大畑澄子さんの音頭取りで、二〇一二年一月二十日に六本木のレストラン「ヴァンサン」で、それを飲む会が行われた。「ロマネ・コンティ」は長寿で有名だが、この瓶は六十七年も生き延びてきたのだ。色は赤が少し残る茶褐色。香りは精妙そのもので、味わいは枯淡だが、諸要素の絶妙なバランス、そして奇跡的に生気（セブ）が見事に残っていた。

もはやワインではない神秘的な液体とも言うべきものだった。ただ、それがおいしかったかというと、話は別である。何事にも盛りというものがあるのだ。

この害虫について、一つつけ加えることがある。明治政府が全国にブドウ栽培を奨励したとき、三つの拠点を作った。山梨県勝沼と北海道札幌、それに兵庫の「播州葡萄園」。播州は国営で、かなりの規模。管理に当たったのはイチゴで名を残した福羽逸人（ふくばはやと）。もしこのブドウ園が健在だったら、関西が日本ワインの中心地になっていたかもしれない。そうならなかったのは、フィロキセラに襲われて廃園になったからだ。駆除法が、まだ日本では知られていなかったのだ。今でも明石近くの稲美町に行くと、昔の栄光と兵（つわもの）どもの夢を語る遺跡が残っている。

ビオディナミはワインの救世主か？

当世、ワインは「ビオディナミ」流行り。これは普通の有機農法と違って、ドイツの思想家、ルドルフ・シュタイナーの哲学理論に基づくもの。宇宙の原理を考え、ことに月の運行を栽培法に取り入れるとか、生命力あふれた物質を肥料に使うとか（雌牛の角に牛糞を詰め土中に埋めた後で卵の殻、のこぎり草やいらくさやタンポポなどから作った酵母とともに撒くなど）、いろいろな理論に裏付けられた造り方をしなければならないことになっている。

除草剤、化学肥料、殺虫剤などは絶対に使わない。初めは虫にやられたりしても、二〜三年経つうちに、ブドウの樹に耐性がつき、殺虫剤などが不要になる……。

神がかっていて新興宗教みたいなものだと無視する醸造学者もいる。毀誉褒貶（きよほうへん）渦巻く中で、この農法を使って優れたワインを造り出すワイナリーが次々と出現、これに靡（なび）くところと、戸惑っているところが相半ばしている。名監督エリック・ロメールが撮った映画『恋の秋―四季の物語』は、この農法を使ったフランス・ローヌ地方のワイナリーが舞台になっている。

ブルゴーニュのピュリニィ・モンラッシェ村のルフレーヴ家のヴァンサン爺さんと言えば、その名も轟く白ワイン造りの名手中の名手。第二次世界大戦中、ベトナムで日本軍にひどい目に遭わされて日本人嫌いだったそうだが、あるご縁で知り合いになり、可愛がっていただいた。毎年訪ねていたが、残念ながらお亡くなりになった。しかし、その翌年も訪ねた。

父親の跡を継いだお嬢さんが醸造の責任を担うようになり、しかもビオディナミに夢中になりだしていた。試飲でビオと、そうでないワインを飲み比べ、こんなに違うとおっしゃる。ことワインに関しては、自分の舌しか信じないのが僕の信念。それでつい、そう違ってるとは思えないと言ってしまった。お嬢さんの顔色が変わり、以後出入り差し止めになった。

ロワールのアンジェ市近くに「サヴニエール」という小村があり、そこに「クーレ・ド・セラン」という銘酒がある。これを造っていたマダム・ジョリーはロワールでも尊敬されていた女傑。髙島屋の栗田均さんが気に入られた関係で、僕も何回か訪ねた（当時のクーレ・ド・セランについて言えば、このワインはどうも長旅に弱かった）。

マダムの死後、このワイナリーを継いだのが息子のニコラ・ジョリーで、ビオディナミ農法の心酔者・提唱者で今はこの農法の教祖的存在になっている。僕の舌では、今のジョリーのワインよりマダムのワインの方が好きである。またこのワイナリーのお隣の「ラロシュ」のマダムは素晴らしいワインの造り手だが、ビオのことを決して誉めない。

ボルドーのポイヤックの「シャトー・ランシュ・バージュ」のオーナーのジャン・ミシェル・カズは、メドックのドン的存在。ビオのことを尋ねると、「否定はしないさ。クーレ・ド・セランのような谷あいの小さな畑ならいいかもしれない。しかし、このメドックのような広大な畑のあるところでは、自分がビオをやるのはそれはそれでいいかもしれないが、周りに迷惑をかけられない。インポッシブルだ」と答えてくれた。

ビオが良いか悪いかは素人が口出しする筋ではない。どうも今のところビオで優れたワインを出しているようなところは、ほとんどがもともとブドウ栽培の研究に熱心なところで、果たしてビオのおかげで良くなったのかどうか……。無名のワイナリーがビオを使って人を驚かそうという邪念が動機のところが成功するかどうか……。それよりも印象的だったのは、ビオを試験的に導入している「ロマネ・コンティ」のヴィレーヌさんの「いろいろビオのことを研究してきた副産物として、重いトラクターがいかに畑、ことにブドウの根を傷めているかに気がついた。だから今は馬を使いだした」という話である。

ちなみに、コート・ドールの優れた生産者は、現在ほとんどが「有機農法」を採用している。これは土壌微生物学の権威、ブルギニョン教授夫妻がコート・ドールの畑を科学的に調査・研究した結果、「農薬の使用が畑の微生物を殺してしまう。このままいったら大変なことになる」と警告を鳴らしたからである。ビオ農法とは関係がない。

ブドウの根を傷めないよう、トラクターの代わりに馬で耕作するところも増えている（撮影：柳忠之）

アペラシオン・コントローレとワイン法

ITとか、PCとか言われると、昭和ひと桁生まれのオヤジとしては逃げたくなる。しかし、ワインの世界で「AC」となると逃げるわけにはいかない。ワインの世界を動かしているキーワードなのだ。

二十世紀初めのころの話だが、「ブルゴーニュ最大のワイン生産者は誰か？　決まっているじゃないか、ボーヌの駅さ」というジョークがあった。

ブルゴーニュの多くのメーカーが、南仏から列車で運ばれてきた安ワインをボーヌの駅で受け取り、自分のワインに混ぜて誤魔化していたインチキを皮肉ったもの。ロワール、ナント港周辺のワイン「ミュスカデ」は、今のように売れるまでは、その多くが英国に運ばれ、ブルゴーニュのシャブリに化けていた。つまり、有名なワインの名声をうらやんでいた他の地方の生産者は、指をくわえているだけでは能がないと、自分のところのいいかげんなワインに、名産地の名前をつけて売りまくるというゴマカシを平気でやっていたのだ。

これに腹を立てたのが、南仏「シャトー・ヌフ・デュ・パープ」のルロワ男爵。出生地をきちんとラベルに表示する制度を作ろうと呼びかけた。これにいちはやく応じたのが、ニセ物横行に手を焼いていたブルゴーニュの酒造りの親爺達とボルドーの専門家達。全国に呼びかけ、法律制定の運動に立ち上がった。インチキをやっていた連中は、当然困るから大反対。あれやこれや、紆余曲折はあったが、結局出来上がったのが「アペラシオン・ドリジヌ・コントローレ」、略してＡＣ。訳すと「原産地呼称管理制度」。

特定の名前を名乗れる畑の範囲をきめ、使うブドウ、生産量とかいくつかの条件を決め、それをクリアしたワインだけに、その産地名を名乗ることを許す。ラベルには必ず「Appellation Contrôlée」の字が刷りこまれている。重要なのは、地区が狭くなればなるほど、条件が厳しくなること。この制度が生まれて、われわれも眉に唾をつけてワインを買わなくてすむようになった。イタリアやスペインなどもこれに右へ倣え！　をしている。

もっとも、ワインのゴマカシの根は深く、一九世紀末頃はひどかった。化学物質の解明が進んだ時代で、いろんな材料をワインに放りこんでは、粗悪ワインの味直しをするのが流行った。

干しブドウから造ったり、水増しするくらいはかわいい方で、タールやニワトコを使った着色、石膏、明礬、酒石酸、クエン酸、リン酸塩、亜硫酸、サリチル酸、乾燥血液、カゼインを使うなど、巧妙な手口があれこれ工夫された。当時のジョークにこんなのがある。ある酒造りの親爺が、

mais point ne meurt
en l'homme il survit"
Baron Philippe (1902-1988)
2005
BORDEAUX
APPELLATION BORDEAUX CONTRÔLÉE
ON PHILIPPE DE ROTHSC

ACワインのラベル。「APPELLATION」と「CONTRÔLÉE」の間の産地名・畑名でその出自を保証する。これは「BORDEAUX」という広域の地方名ワイン

病気で死にかけている。子供たちを枕元に集めて、大切な秘伝を教えるからとこう言った。

「お前達は知らんだろうが、ワインはブドウからも造れるんだぞ！」

いくらなんでも、これでは国民の健康に影響を及ぼすと、ヨーロッパ各国の関係者が集まって対策を講じた。いろんな議論がある中で出た結論は、まずワインというものの「定義」を決めることだった。即ち、

「ワインとは新鮮なブドウを使用し、その果汁以外のものを使わないで、自然にアルコール発酵させて造ったもの」という、ごく当たり前のことだった。

当たり前の話が通用しないのが、わが国、ジャパン。文明国を自負しているが、およそ世界の文明国と言える国で、「ワイン法」がないのは日本だけ。だから、蜜柑ワインから梅ワインや桃ワインやバナナワイン、ひどいところではドクダミワインまでが堂々と売られている。日本ワインを輸出しようとしても、ワイン法のない国のワインなど、どんなものかわからないと疑惑の目で見られている。

最近、政府がやっと重い腰をあげ、今まで酒税法との関係で、ばらばらに出されていた通達を整理して「告示」にまとめることになった。これ自体は一歩前進だが、やっぱり法律できちんと定めるのが筋というものだろう。

第4章　フランスのワイン産地を歩く

この章について

人が知識を習得する場合、三つの段階を経ているように思う。原始的知識の収集期、個別的意味の理解期、総合的・体系的把握期の三段階である。全体がわかって、各部分がそれぞれに受け持つ位置と機能も、初めて理解できるようになる。前章ではワインについての総論的な解説を試みた。全体のイメージをつかんでもらったところで、これから各論に入っていくことにする。

ワインが他のアルコール飲料の追随を許さないのは、その多様性にある。「ワインは難しい」と言われるのは、あまりにもいろいろなものがあるからだ。しかし、逆に考えれば、それだからこそワインは面白く、奥が深いと言えるのである。だからワインの真の楽しみは、あまたあるワインを飲み比べ、その違いを発見することにある。

しかしプロではない僕たちワイン愛好家は、自分が飲めもしない多くのワインを、無理に覚える必要などさらさらない。自分の手に入る範囲での、比較試飲で十分である。一千万人と言われる東京の住民を全部知るなどというのは、出来ない相談である。しかし自分

ボルドーの観光名所カイヨー門。15世紀に建てられた城門で2階は観光案内所になっている

の身の回り、親類縁者、隣近所、学校の友達、職場での同僚や顧客など、誰でもかなりの友人知人がいるはずで、その中から親友も出来る。ワインとて同じこと。あれもこれも知り尽くそうとしないで、飲める範囲のものを丁寧に飲むことが大切で、そうすれば自然に自分の味覚に合う、愛すべきワインが現れてくれる。

ワインの面白さは、その個性を理解することにある。ワインの個性は生まれる土地と造り手の腕で決まる。この章では、フランスのいくつかの産地のワインを取り上げ、それがなぜ違うのか、どのように違うのかを、産地の特性に注目しながら見ていくことにする。

この章に登場するお酒と人と料理など

コート・ロティ
ヴァランドロー
カルトワイン
コタ爺さん
シャブリ
ジゴンダス
エルミタージュ
シャトーヌフ・デュ・パープ
セインツベリー教授
ジャンヌ・ダルク
プイィ・フュイッセ
シノン
シャトー・ディケム
リュル・サルース伯爵
ボージョレ
ヌーボー
オスピス・ド・ボーヌ
大競売会
カトリーヌ・ドヌーブ
クロ・ド・ヴージョ
シトー派
唎き酒騎士
ブルゴーニュの兄弟

太陽を浴びた焦げた丘のワイン

世界のレストランの本格的な紹介本を日本で初めて出したのは、辻調理師専門学校の創始者・辻静雄さんで、本の名前は『舌の世界史』（一九六九年、毎日新聞社）。その中で辻さんが熱意と愛情をもって書いたのが、フェルナン・ポワンのレストラン「ピラミッド」だった。ポワンは二十世紀最高の巨匠と言われ、フランス料理に与えた影響は大きく、多くの名シェフがその教えを受けた。日本で有名なポール・ボキューズも、その一人。トロワグロもそうだ。

その「ピラミッド」は、リヨンの南の古都ヴィエンヌにある。一度は行ってみなければと思っていた。早稲田で僕の兄弟子である中山和久教授がパリに留学中で、その話をすると、

「ちょうど休暇中だ。それじゃ行こう、僕の車がある！」

中古のややおんぼろのフォルクスワーゲン。まだ高速道路が出来ていなかった時代、旧国道で都市を通り抜けるときが大渋滞で、ノロノロ運転。田舎道をすっ飛ばすと羽虫の大群に襲われ、

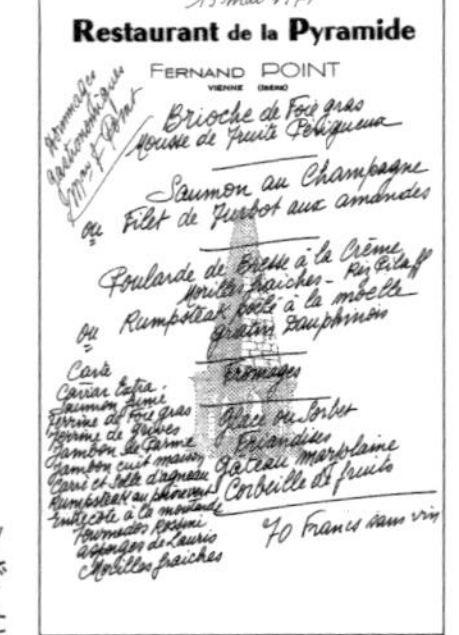

古都ヴィエンヌの名店「ピラミッド」のメニュー。このレストランで初めて「コート・ロティ」を知った

フロントガラスが真っ白。二日がかりでたどり着いた。

その昔、今の大都市リヨンあたりは、ガリアの民族抗争の場だったために中心都市にはならず、ヴィエンヌがローマの前線基地となった。ローマっ子があこがれたくらい美しい町だったころの様子が、絵として残っている。今でもローマ時代の遺跡があり、細長いピラミッドが町の通りに建っている。レストランの名も、それに因んで「ピラミッド」に。

広い庭があり、ドキドキ恐る恐る入ると、まだポワン未亡人がお元気で、とても親切。料理も日本でのフランス料理とは全く違うもので、なるほどミシュラン3つ星の料理とはこういうものかと、その真髄を教えられた。

さて、ワイン。当時はまだ一ドル三百六十円、しかも外貨の持ち出し制限というものがあった。しかもカードなんかない時代で、トラベラーズ・チェック（旅行小切手）なるもののお世話にならなければならなかった。懐具合と相談しいしい、ずらりと名酒が書きこまれたワインリストを眺めていた。そこへやって来たのが、これもまた健在だった名ソムリエ、ルイ・トマジ。「ここに来たら、そんなワインは飲まなくていい。これを飲みなさい」と出されたのが、大ぶりのグラスに注がれた鮮紅色のワイン。

顔を近づけると、頭がクラクラするような高い芳香。え、これがワインの香り？ と驚くような未知との遭遇。口に含めば、まさにビロードの如く舌の上を滑る。味は精妙、複雑で、酸とタンニンとアルコールが絶妙のバランス。それらを優しく包みこむ果実味が新鮮。まさに生きた宝

石だった。飲み終わると、味覚の衝撃で精神が虚脱状態。それを見てトマジが笑って、

「『コート・ロティ』さ。街の対岸の斜面生まれなんだ」

ワインの世界は広くて深い。たかがお酒と思っていた僕を、ワインの世界にのめりこませたのが、このワインだった。

食事が終わり、ほてった頭を冷やそうと庭を歩くと、オドロキの光景。大きな木の枝いっぱいに瓶が実っている。なんだこれはと見上げていると、トマジが「ポワール・ウィリアムさ」。あ、そうか。「ポワール・ウィリアム」は、瓶の中に洋梨が入ったホワイト・ブランデー。どうやって狭い瓶口から梨を入れるんだろうと頭をひねっていた。コロンブスの卵で、種がわかればなんでもない。花が終わったあと、瓶を枝に縛りつければいいんだ。

「コート・ロティ」は今でこそ南仏きっての名酒だが、昔はここの南側の「エルミタージュ」の方が有名だった。なにしろ畑が急傾斜なので栽培が難しく、生産量も少なかったので一時期姿を消しそうになった。しかし二十世紀に入ってE・ギガル社が逸品を出し、それをワイン評論家ロバート・パーカーが絶賛したので一躍南仏のスターになった。

斜面畑が細かく区画されていて、それぞれ名前がついている。有名なのは「ブロンド」と「ブリュンヌ（ブルネット）」。飲み比べてみると確かに味が違う。だがどうもうまく説明できない。当たり前だ。僕は金髪の女性とも茶髪の女性とも、お付き合いしたことなんかないんだから。

E・ギガル社の「コート・ロティ・ラ・ムーリーヌ」（右）と「ラ・テュルク」（左）。ムーリーヌは「ブロンド」、テュルクは「ブリュンヌ」畑の産

常識破りのワイン

優れたワインというものは、決して突然出来るものではない。気象や土壌に恵まれた場所に、数多くのワイン造り屋が集まり、お互いに切磋琢磨してワイン造りに励む中で、自然に頭角を現してきたところのものが、極上ワインになる。

猫の額のような小さな畑で、日本の盆栽のように丹精してブドウを育て、極上ワインを造りあげたというような話は、小説の世界ならあっても、実際にはあり得ない。ワイナリーというのは一つの事業であって、採算が合わないとやっていけない。最小限三ヘクタールはないと、というのがワイン界の常識である。

ワインの生産者には、少量極上のワイン造りに専念するという人もあり得るが、同時にかなりの量のほどほどのワインを造って、多くの人達に供給しなければならない、という大切な使命もある。しかし、かなりの量を出そうとすると、畑だけでなく醸造設備も整えなければならず、資金が必要になる。案外のようだが、ワイン造りはお金がかかるものなのだ。

ボルドーの著名ワインを造り出すシャトーは「金食い虫だ」と言われる。名声を維持するために極上ワインを造り続けるには、メンテナンスに多大な資金がいる。少し手を抜くと、それが結果のワインにすぐに現れる。

有名な「シャトー・マルゴー」は、持ち主だったネゴシアン大手の老舗ジネステ社が経営不振になると、評価が落ちた。持ちこたえられなくなって、この虎の子のシャトーを手放したとき、買収したのはスーパーマーケット王、ギリシャ人のメンツェロ・プーロスだった。買ってすぐ手をつけたのは、地下蔵の補修大改造と、畑の暗渠(あんきょ)の埋め直しだった。

「シャトー・ラフィット」と「シャトー・ムートン」を買収し、現在オーナーになっているのは、それぞれ家系は違うがロスチャイルド財閥。「シャトー・オー・ブリオン」はアメリカのディロン財閥。「シャトー・ラトゥール」は英国の銀行家（今はフランスの百貨店王ピノー家）。大富豪・金融業者がオーナーになっている例は数多い。最近は中国の新興成金がボルドーのシャトーに目をつけて買いあさったりしている。

こうした現象に盾をついたというわけではないが、一時期ワインの世界に旋風を巻き起こしたのが、サンテミリオンの「ヴァランドロー」だった。一人の、しかも素人が自宅のガレージからワイン造りを始めたのを、ワイン評論家ロバート・パーカーが絶賛したため、世界中のワイン関係者の注目の的となった。ワインは高値を呼び、毀誉褒貶(きよほうへん)が渦巻いていた。これに刺激されて、一念発起したミニ・メーカーが相次いで生まれ、それをマスコミが「カルトワイン」とか「ガレ

右：ボルドー、メドック地区の１級「シャトー・マルゴー」　左：ボルドーのヒエラルキーへの挑戦者、元祖ガレージワインの「ヴァランドロー」

ージワイン」と呼んで囃したてたから、一時はひと騒ぎだった。最近はマスコミが飽きて書かなくなったから、騒ぎは沈静化した。

世の中に、例外のない原則はない。ボルドー以外にも、広いフランスの中には奇人・変人がいて、変わったワイン造り家が常識破りの造り方をして、とんでもないワインを造り上げるという話がないわけではない。例をあげると、ローヌ地方の「シャトーヌフ・デュ・パープ」のレイノー爺さんと、ロワール地方の「サンセール」のコタ爺さん。

レイノー爺さんは偏屈者で、ロバート・パーカーを門前払いしたという逸話で有名（後に仲良くなった）。「シャトーヌフ・デュ・パープ」には、錚々たる造り手がいるが、とにかくこの爺さんが苦労して造ったワインは、まさに異色。こんな素晴らしいワインがここでも出来るのかと、舌を巻く逸品なのだ。今は爺さんが死んで話題の種がなくなったから、そう騒がれなくなったが、こうしたワインもあるのだという意味で、一度は試してみてもいいワインだ。現存している瓶は数が少なくなったから、探すのにひと苦労するかもしれない。僕は爺さん逝去のニュースを聞いて、すぐ一ケースほどを安く買った。チビリチビリ飲んでいるので、まだ二本残っている。

コタ爺さんの方は、実直地味な人で、ワインのご自慢はあまりしなかったから、あまり有名でなく、いわゆる通人だけがねらっていた。なにしろここは、何年も使った古樽でワインを造る。

右：シャトーヌフ・デュ・パープの雄「シャトー・ラヤス」　左：伝統的な古樽発酵の小生産者コタの「サンセール」

樽の内側には酒石酸の結晶がたまって、水晶の塊のようにびっしりと張りついている。私も当初は変わった人がいるものだくらいに思っていたが、ワインがよく出来ているので、サンセールの町へ行くたびに寄って仲良くなった。ところがあるとき、たまたま地下酒庫に飲み忘れて残っていた瓶のワインを飲んで驚かされた。十五年位寝かせておいたものだった。早飲みタイプのサンセールが、かくも不思議に寿命を持ち続けるとはと驚かされるほど、実に華麗に熟成していた。この世の中は、速断してはいけないと、悟らされたひと瓶だった。

フランスはローヌ河渓谷に、コンドリューという村がある。ここは生産地として変わっていて、南仏でありながら白ワイン専門。香りが花のように華やかなヴィオニエという、栽培がやっかいなブドウを守り続けている。この村の中に「シャトー・グリエ」というダントツの存在の造り手がいる。出すワインがあまりにも出色なので、このシャトーだけで単独のAC（原産地呼称）になっている。フランス最小のACだったが、畑を増やした関係で、現在はブルゴーニュの「ラ・ロマネ」になった。とにかく生産量が少なく稀少品。歴史も古く、世界的に名声を馳せている。もっともどうしたことか、僕とは相性が悪いので敬遠しているが、造り手が変わったのでワインが変わったという話もある。残念ながら、まだ試してみる機会がない。

ローヌ地方コンドリュー村の「シャトー・グリエ」。秀逸・長命な白で、単独のACを取得した

オイスター・R・イン・シーズン

「Oyster "R" in Season」。英語のスペルにRの字が入っている九〜四月は、カキの旬。カキ好きなら目の色が変わる。カキに合うワインは、フランス・ブルゴーニュ地方の「シャブリ」ということになっている。

パリジャンは大のカキ好きで、大食漢だった文豪バルザックは、胃弱で悩んでいる出版社の社長の前で百個ものカキをペロリと平らげたんだそうだ。昔からカキはパリジャンに人気があり、合わせて「シャブリ」をガブガブ飲んでいた。今と違って交通事情が悪かった時代。海辺から二日か三日がかりでゴトゴト荷車でパリに運んでくるのだから、カキも干あがって息も絶え絶えのはず。店の方はそれに海水か塩水をぶっかけて、客に出した。そんなのをしこたま食べたら、当たるやつが出てくる。しかし「シャブリ」を飲んでいれば当たらないと考えられていた。確かにワインには滅菌作用もあるから、迷信とばかりは決めつけられない。

「カキにはシャブリ」とひと口に言うが、実は「シャブリ」には四等級のランクがある。一番下は「プティ・シャブリ」。プティは〝小さい〟という意味で、ここではいわば小物とつけたわけ。その上が何もつかない「シャブリ」でこれが標準品。その上に「一級」と「特級」がある。

ボルドーのオイスターバーのカキ。生ガキには、繊細な特級、１級より普通の「シャブリ」が合う

「特級」は言うまでもなく極上品。シャブリの町近くの南斜面にかたまっていて、「レ・クロ」とか「ブーグロ」とかの七つの区画に分けられていて、ワインもその区画名を名乗る。「グルヌイユ（カエル）」という面白い名前のものもある。川に近いからカエルがいたんだろう。特級畑はそう広くないから、生産量も少なく、当然値段もかなり高い。特級だからおいしいんだろうと、カキにこれを飲んでいる人がいるが、特級ものは繊細な味だから海水を含んだ荒っぽい味のカキだと負けてしまう。生ガキにはシャープな味の普通の「シャブリ」の方が合うようだ。なお、今は一級物の品質が向上しているから、おいしい「シャブリ」を飲みたかったら一級をねらったらいい。

ワインとしての「シャブリ」は「火打ち石」の風味がするというのが通説。どうも、これはあやしい。火打ち石と鉄をぶつけると、火花が出る。昔はそれを火口（ほくち）につけて火を起こしていた。そのときの匂いはかなりキナ臭い。ワインにそんな香りがするもんじゃない。だから、香りでなくて味だという人もいるが、ワインに石の味がするはずはない。今日風に言うと、ミネラル風味があるということなんだろう。

カキについて日本との関わりを紹介すると、パリのカキの大半をまかなっているシャラント地方のカキが、二十年ほど前おかしな病気にかかって全滅しそうになった。これを救ったのが、なんと日本のカキ種。その昔絹の主要産地のリヨンの蚕（かいこ）が病気で全滅しそうになったときも、それを救ったのは、蚕の卵を産みつけた日本の蚕の種紙（蚕種紙（さんしゅし））だったんだ。

フランスの妙義山？　のワイン

南仏のプロヴァンス地方。アルフォンス・ドーデの短編集『風車小屋だより』の舞台になったあたりに、「ボー」という名の村がある。アルミニウムの原料になるボーキサイトが発見されたところで、南仏でも異様な風景の奇山城があり、そこには横暴な領主が住んでいた。その麓に、２つ星レストラン「ボーマニエール」がある。マルセイユのセレブたちが、わざわざ車を馳せてやって来るほど名声が高かった。ドーデの「風車小屋」を見るついでに立ち寄ってみた。ひょうきんなソムリエがいて、店内を案内してくれた。小さな部屋の前を通るとき、ニヤッと笑って「悪魔の寝室だ」と言う。なんだろうと思って頑強な扉を開けると、なんとウィスキーがいっぱい。

そしてワインとなると、「ラフィット」や「ロマネ・コンティ」など、名品がズラリとリストに並ぶ。だが、「ここに来たらこれを飲まなければ駄目だ」と出してくれたのが、コート・デュ・ローヌの「ジゴンダス」。フランスの地方には、必ず自慢の地元ワインがあり、レストランはそれを出すのを誇りにしている。四十年も前の話だが、このワインもそのころ頭角を現し始め

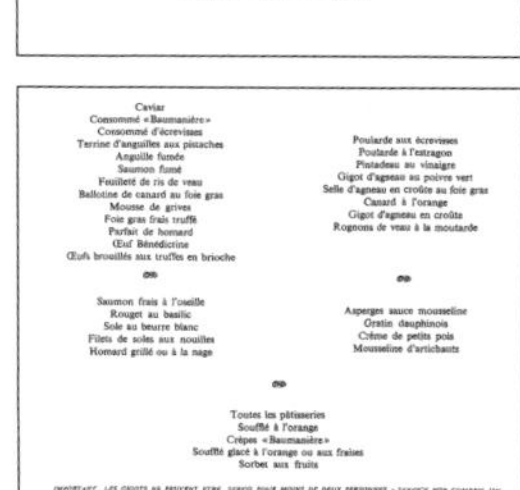
Caviar
Consommé «Baumanière»
Consommé d'écrevisses
Terrine d'anguilles aux pistaches
Anguille fumée
Saumon fumé
Feuilleté de ris de veau
Ballotine de canard au foie gras
Mousse de grives
Foie gras frais truffé
Parfait de homard
Œuf Bénédictine
Œufs brouillés aux truffes en brioche

Poularde aux écrevisses
Poularde à l'estragon
Pintadeau au vinaigre
Gigot d'agneau au poivre vert
Selle d'agneau en croûte au foie gras
Canard à l'orange
Gigot d'agneau en croûte
Rognons de veau à la moutarde

Saumon frais à l'oseille
Rouget au basilic
Sole au beurre blanc
Filets de soles aux nouilles
Homard grillé ou à la nage

Asperges sauce mousseline
Gratin dauphinois
Crème de petits pois
Mousseline d'artichauts

Toutes les pâtisseries
Soufflé à l'orange
Crêpes «Baumanière»
Soufflé glacé à l'orange ou aux fraises
Sorbet aux fruits

IMPORTANT : LES GIGOTS NE PEUVENT ETRE SERVIS POUR MOINS DE DEUX PERSONNES - SERVICE NON COMPRIS 15%

プロヴァンスの２つ星レストラン「ボーマニエール」のメニュー。店は表紙（写真上）絵の奇山の麓にある

ていた。その濃紫色の一杯は、燦々（さんさん）たる太陽が詰まったみたいで、グラスの中でワインが生命の賛歌を歌っている。堂々たるボディ、嚙めそうな厚い肉付き。うーん、世界は広いと実感した。

どんなブドウ畑から生まれたのかと、生産地の「ダンテル・ド・モンミライユ」を訪ねてみた。妙義山のような奇岩峰が連なり、畑は真っ白な石灰岩だらけ。ブドウは苦労してやっと生き延びている。ワインも人と同じ、苦境に耐えてこそたくましく育つんだ。

南仏ローヌ河岸で昔から有名なのは、「エルミタージュ」と「シャトーヌフ・デュ・パープ」。「パープ」の方は法王の幽囚で歴史上有名な、古都アヴィニョンの近く。夏に、この都の暑さと騒々しさに閉口した法王が、近くに別荘を建てた。法王（パープ）の新城（シャトー）である。住まいがあれば、ワインが要る。法王がブドウ畑を開き、ワインを造らせた。この畑のワインと法王と騾馬（らば）について、ドーデが『風車小屋だより』の中でユーモラスな物語を書いている。

ここの畑は変わっている。赤くて丸い石がゴロゴロびっしり。赤ん坊の頭くらいの大きさのもある。そう遠くないジゴンダスとは全く違う。白と赤。フランスでもちょっと見かけない異彩を放つ光景。この赤石がワインを他と違ったものにしているんだ。

ローヌ河岸でも南部のワイン生産地区になるこのあたりは、「コート・デュ・ローヌ地区」と

コート・デュ・ローヌの地酒「ジゴンダス」。その畑は真っ白な石灰岩だらけ。向こうにそびえるのがフランスの妙義山「ダンテル・ド・モンミライユ」

呼ばれる。暑い日差しをたっぷり浴びるから、ワインは濃くて果実味もたっぷり。なにしろ生産量が多くて安いから、日常飲むワインとしては頼り甲斐がある。

南仏旅行というと、アルルあたりしか見ない人が多いが、ちょっと足を延ばして、このあたりまで行ってみたらいい。日本人が見たら胆を潰しそうな巨大な湧泉もあるし、「ヴェゾン・ラ・ロメーヌ」というローマの遺跡が残る小粋な町もあり、「ジゴンダス」や最近人気の「ヴァケラス」などのワインをふんだんに飲める。

それより見逃せないのがカーペントラスの町。実は、この町がこのあたりでとれるトリュフの集荷地。この町の連中に言わせると、トリュフと言えばペリゴール地方が産地と信じられているが、最近はここのものがかなり混じっているんだそうだ。ここのトリュフを認知させようと、町のお偉方が「トリュフ騎士団」なるものを作って気勢をあげるお祭りをやっている。僕も招待されて宴会に列席したが、トリュフの味は変わらないかもしれないが、料理の味はもうひとつだった。なお一時期日本でもとても人気があったピーター・メイルの『南仏プロヴァンスの12か月』の中に、この町とトリュフのことが書かれている。

ひばりは歌う

「ワイン王国」フランスの中で、ボルドーとブルゴーニュを除くと、昔から名声を博しているのが「エルミタージュ」と「シャトーヌフ・デュ・パープ」だった。どちらもローヌ河沿岸のワイン産地である。もっとも同じローヌでも、シャトーヌフ・デュ・パープは南で、アヴィニョンの近く。エルミタージュは北でリヨンの南ヴァランスに近い。二百キロ以上も離れている。リヨンからローヌ河を下ると、トゥルノンの対岸に巨大な丘が川辺ぎりぎりまで迫っている。そこのところで、南下してきたローヌ河が急カーブして東に向かって流れ、またそのすぐ先で元に戻って南下する。つまりこの狭い場所で流れが東向きになるということは、川辺の北岸は南向きになる。この南斜面にブドウがびっしり植えられていて、そのワインが「エルミタージュ」なのだ。「エルミタージュ」と言えば、ロシアにこの名がついた有名な美術館があるが、Hermitage〝隠者の庵〟。その昔、十字軍（イスラエルでなくてアルビジョア）帰りの騎士がこの丘のところを通ったとき、おのが犯した数々の罪業の恐ろしさに心が痛み、この丘の上に「庵」を建て、贖罪の日を送った。その合間にブドウを植えワイン造りを始めた、というのが名前の由来。真南向きの急斜面だからブドウは完熟し、濃厚なワインが出来た。見習った村人はワイン造りに精を出

ローヌ地方の名酒「エルミタージュ」。その名は〝隠者の庵〟の意。シラー種を原料とする濃厚・長命なワイン

し、フランスきっての濃厚なワインとして、名声がヨーロッパ中に広まった。

今のボルドーからは考えられないが、その昔ボルドーの酒商は、はるばるここからワインを運び、ボルドーワインの補強に使っていた時期があった。「シャトー・ラフィット」ですら、「ラフィット・エルミタージュ」という銘柄のワインを出していた時代がある。また、エルミタージュは、長寿でも有名だった。英国で、サミュエル・ジョンソンの後の文壇のドン的存在だったのが、博学多才のジョージ・セインツベリー教授。英仏のワイン事情に精通し、すごいワインのコレクションを持っていて酒通の羨望の的になっていた。この人が一九二〇年に書いた『セインツベリー教授のワイン道楽』（紀伊國屋書店、原題「Notes on a Celler-Book」＝酒庫覚書）という本がある。今日のワインブックのはしりだ。その中で一八六四年の「エルミタージュ」を紹介し、四十年たってこれだけの味を保っているものはないと絶賛している。

「エルミタージュ」が特有の品質を備えているのは、「シラー」というブドウ百パーセントで造られるから。シラーは酷暑・乾燥に耐え、濃厚で強烈なパワーを持ったワインを生む。その反面、粗野で荒いたちのものになるきらいがある。現在、南仏で広く栽培されているが、ワインにするときは、グルナッシュをベースにしてシラーで味付けするのがほとんど。ところがそのシラーが、ここの「エルミタージュ」と「コート・ロティ」だけは、絶品になるから不思議である。その耐熱性に目をつけたのがオーストラリアで、名前は訛

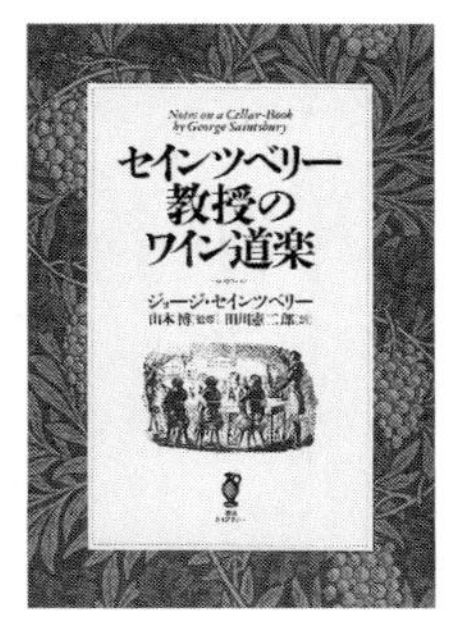

『セインツベリー教授のワイン道楽』
ジョージ・セインツベリー／山本博監修
田川憲二郎訳（酒文ライブラリー）

って「ハーミテイジ」。三十～四十年前までオーストラリアの赤は、かなりの部分がこのシラーのワインだった。

「エルミタージュ」と言えば、赤が定番だが、わずかばかり白もある。南仏の逸品で、知る人は知っていた。その中に「シャンタルエット（Chante-Alouette）」という銘柄がある。訳すと〝ひばりは歌う〟。フランス救国の乙女ジャンヌ・ダルクを主人公にした物語は数えきれないが、映画ではイングリッド・バーグマンが演じた『ジャンヌ・ダルク』が、日本人男性の心を奪った。演劇の方で有名なのは、ジャン・アヌイ原作の『ひばり』。アヌイの作品を錦の御旗にしていた劇団四季は、数回公演している。藤野節子さんが演じたひばりは可憐そのものだった。思いついて「シャンタルエット」を取り寄せ、楽屋に届けた。「え、こんなワインがあるの？」と一瞬驚かれ、それから嬉しそうに笑った。あのときの節子さんの笑顔は、今でも忘れられない。

「エルミタージュ」のワインは、丘陵南斜面のわずかな場所でしか生産されないが、その北と南にかなり広い「クローズ・エルミタージュ」地区がある。かなりの量を出すが安酒として冷や飯を食っていた。その中に特殊な土壌の土地がある。大昔にローヌが流れを変える前、ローヌ河の川底だった場所である。「シャトーヌフ・デュ・パープ」の畑にあるのに似た石がゴロゴロしている。それに目をつけたポール・ジャブレ社が特別仕込みのワインを造った。これがいいワインで、驚くほど安い。「コート・デュ・ローヌ」を名乗り、ラベルに大きく「45」と書かれている。このあたりが北緯四十五度だからだ。日本で言えば、北海道最北端の宗谷岬にあたる。

馬の骨のワイン……ソリュトレの丘

リヨンの北、マコン市の近くに変わった景観の土地がある。なだらかな丘陵地帯に、ジブラルタル半島のような孤丘がぷつんと突き出ている。その昔、このあたりには野生の馬がうようよいた。まだ、弓という武器を発明していなかったわれらが祖先は、狩ることが出来ない。集団で何日もかかって馬の群れを囲み、この丘に追い上げる。行く手は断崖絶壁。馬が落ちると、下で棍棒を持って待ちかまえていた女房衆がガツン。「焼き馬」のごちそうをみんなでパクパク、ムシャムシャ。ウマイゼ！　かくて、この丘の周辺には推定数万頭の馬の骨が埋まっているそうな。

丘の名前は「ソリュトレ」。特有の石斧が発掘されるので、考古学上ソリュトレ期という時代区分名も生まれている。今は博物館が出来ていて、石斧の造り方をビデオで見られる。

実はこのあたりは、ブルゴーニュの辛口白ワイン「マコン」の生産地だが、最南部のものは、土壌が違えばワインも変わるから「プイィ・フユイッセ」という名を名乗ることが出来る。なかでもこの丘の裾あたりのワインは、馬の骨の怨念が移ったのか、ひと味違っている。一時はアメ

ブルゴーニュ地方マコン地区の白「プイィ・フュイッセ」とソリュトレの丘。このワインの畑はソリュトレの丘の麓に広がる

リカ向け輸出ワインの人気者だった。初めてここへ行ったとき、地元のレストランで飲んだら爽快かつ骨太。ちょっと野暮ったい面もあるが、飲みごたえがあって実に良かった。ただ一緒に出された焼き肉料理は、肉なのに色が白い。なんだろうと不思議に思って尋ねると、子牛。当時日本では、まだそんな肉にお目にかかったことがなかったから、こっちは目を白黒させた。

このときは、映画監督の羽仁進ご夫妻と一緒だった。あの丘に登りたいと言うので、日頃鍛えた手腕ならぬ足腕を見せようと、丘陵の小道を駆け登った。羽仁さんもフウフウ言いながら登ってきた。頂上でスイス・アルプスの見える光景を、絶景かな絶景かなとやっていて、ふと気がつくと夫人がいない。あわてて下ると、丘の麓に。「この靴で登れるはずがないでしょ。外国の田舎に女一人を残して……」、こってり絞られた。

実は、このソリュトレの丘を西へ少し行くと、有名なクリュニー派の修道院がある。ローマにバチカン市国のサン・ピエトロ大聖堂が建立される前は、ヨーロッパ最大の寺院だった。フランス革命時に取り壊され、近隣住民の収奪にあったが、一部は残っている。

なお、このクリュニー修道院が権勢を誇るようになると、お坊さんは堕落し、贅沢な生活に耽るようになった。それにたまりかねた清純派が、修道院の原点に戻ろうと分派を起こし、コート・ドールのニュイ・サン・ジョルジュの東の川岸の荒地に新寺院を建てた。まわりに葦(シトー)が茂っていたので、シトー派と呼ばれた。今日の優れたブルゴーニュワインを造りあげた元祖は、このシトー派の方である。

虫だってワインが好き

蝿の仲間にもいろいろいる。暖かくなると姿を現し、うるさくて大きく、色が黒いフツーの蝿もいれば、ちっぽけな猩々蝿（しょうじょうばえ）もいる。オランウータンの中国名「猩猩」はお能にも出てくるが、大酒飲みということになっている。この蝿は、お酒というかアルコールのあるところに、どこからか集まって来るから、その名前がついた。この蝿のことは、この項の後半で出てくる。

ロワールの赤と言えば、なんと言ってもトゥーレーヌ地区の「シノン」が有名。シノンは、大食漢の巨人ガルガンチュアを書いたラブレーの生まれ故郷だし、ジャンヌ・ダルクの王との謁見物語が残る立派なお城もあるので、それにあやかったのかも？　ロワールのワインとしては一飲の価値がある。赤と言っても今日人気絶頂のカベルネ・ソーヴィニヨンでなく、カベルネ・フランを使っているからタンニンがさほど強くなく口当たりがいい。奇人・変人シャルル・ジョゲが造った優品などもある。

このシノンからロワール支流ヴィエンヌ川をはさんだ西隣にソミュールとシャンピニーという村がある。ここは川ひとつはさんだだけなのだが、シノンと違ってトゥーレーヌ地区でなくアンジュー&ソミュール地区に入る。この地区東端のこの村は、ひときわ小粋な赤ワインを出す。多分テュホーという特殊な白亜系の土壌のせいなんだろう。これがパリジャンのお気に召し、パリの人気者になった。

まだ人気の出る前のことだが、ひょんなことから一本手に入れてみたら案外いけるんで、銀座にあったワインの輸入元、三美（みつみ）の田口さんに頼んで十ケースほど航空便で輸入してもらった。しばらくして、田口さんから電話があり、

「大変だ。とにかく来てください！」

尋常でない声。なんだろうと当時の航空便の税関があった羽田空港に行った。なにをそんなに騒いでいるんだ？　と尋ねると、瓶に蝿が入っているんだと言う。蝿なんぞ一匹や二匹入っていたってどうということはないだろうと言うと、

「一匹や二匹じゃないから大変なんだ！」

うそ！　と思って、箱を片っ端からあけて瓶を見てみた。全ての瓶に冒頭述べた猩々蝿が入っている。それも一匹や二匹ではない。とても信じられない光景だった。結局、全部業者に始末してもらった。申し訳ないが、多分東京湾にドブンだったんだろう。

どうにも腹にすえかねたので、現地まで文句を言いに行った。造り手、と言っても農家に毛の

上：ロワール川沿いに建つ世界遺産ソミュール城。左はロワール川の支流ヴィエンヌ川の北側で産する「シノン」と、南側で産する「ソミュール・シャンピニー」

生えたくらいの醸造元。多分こちらは血相を変えていたんだろうが、激しい声で（と言っても通訳つきで）苦情を述べ立てた。初めは醸造元の親爺、きょとんとしていたが、居合わせた仲間としばらく話しこみ、そのうち腹を抱えてゲラゲラ。あっけにとられたが、笑いがおさまってから説明を聞いた。そしたら今度はこちらが笑う番。真犯人というか、真相はこうだった。

フランスの地方の小規模醸造所（農家）は瓶詰め設備を持っていない。そうした農家のために、瓶詰め設備をそなえたトラックを持つ業者が農家を回って走っている。有名な「ボージョレ」のデュブッフ社も、初めはこうした業者だったそうだ。

暑かった秋のある日、その車が来てまずワインを瓶に詰めた（今ではワインの注入とコルク打ちまでを兼ねた装置のついた車があるが、そのころはそうでないのもあった）。ちょうどお昼になったので、コルクを打ってない瓶を庭いっぱいに並べたまま食事に行ってしまった。その香りを嗅ぎつけた猩々蠅が、これは大ご馳走と雲霞の如く襲いかかり、瓶口から入ったものの出られないで瓶中でお陀仏になった……というわけ。いかに昔のこととは言え、にわかには信じがたいような話だがそういう説明だった。お互いに大笑いして、新しい瓶を送ってもらうことで一件落着。めでたし、めでたし。

シャトー・ディケムの黄色い花

フランス・ボルドー地方ソーテルヌ地区の貴腐ワイン「シャトー・ディケム」と言えば、世界最高の極上甘口白ワイン。ところが、飲んだことのある人は意外に少ない。高価と言えばそれまでだが、飲みごろになるには早くても十年、少なくとも二十年以上のものでないとイケムを飲んだことにはならない。それが手を伸ばすのを遠のかせている。

熟成による色変わりが面白い。黄金色がだんだんと濃くなり、次第に茶褐色を帯び、最後は番茶を煮詰めた色から暗茶褐色になる。こうなると普通のワインだともうお陀仏だ。ところが、不思議なことにイケムは味が落ちない。完熟した貴腐ブドウだけを選んで摘み、妥協を許さず、不作の年はイケムとしては出さない主義を貫いている。

デザートにしか飲まれなかった貴腐ワインをメインでも飲んでもらおうと、ご当主リュル・サルース伯爵が考えたのがフォアグラとのマリアージュ。自ら主催する食事会などで供すると、初めは首を傾げていた紳士淑女も納得するようになり、今ではちょっとしたレシピになっている。ただ、オードブルにこれをやると、後に続く料理が難しい。シェフの腕前の見せどころだ。

リチャード・オルニーが書いた『イケム』（平凡社ブッククラブ製作、東急百貨店発行）とい

世界最高級の貴腐ワイン
「シャトー・ディケム」。
年間生産量7900ケース

う本を訳した関係で、リュル・サルース伯爵とお知り合いになれた。

　相続がからんでイケムはシャネルに買収されてしまったが、伯爵がイケムの名声をさらに上げたことを認めない人はいない。何回かシャトーを訪ねたが、ある年お食事をと招かれた。お昼である。小高い丘の頂上の古城は、威風堂々としていてあたりを睥睨（へいげい）している。まさにソーテルヌの王者。居住用の邸館は別にあり、中の調度は中世のご領主様の生活ぶりがそっくり残っている雰囲気。「シャトー・ラフィット」に比べても重厚。お城の中に案内されると、応接用の部屋をはじめ各部屋に大きな花が活けられている。それも全て黄色い花。真っ白なテーブルクロスの食卓にも飾られていて、気がついた。これはワインに合わせたもので、接客用のディスプレイ。お客はわれわれだけ。そのためにわざわざ活けたのだ。さすがは貴族。その心遣いがにくい。ちなみに名前に「de」がつくのは貴族のしるし。生まれ育ちの違いを、名前だけでわからせる。

　食事のメインは魚とフォアグラ。この日出されたイケムは、食事中は十五年もの。しめくくりは二十五年もの。さすがにワインと料理がぴったりで、終わるまで違和感は全くなかった。ワインの精妙さは、絶妙としか言いようがない。極甘口にも、こうした飲み方があるんだ。

　この日は日頃お世話になっている「シャトー・ドワジィ・ヴェドリーヌ」のオーナーで、バルサック村の村長でもあるカステジャさんをお誘いした。喜ばれて曰く「私はソーテルヌの生まれだが、イケムのお邸でご馳走になったのはこれが初めて。ヤマモトのおかげだ」。同行の大塚謙一さんは「私の席が伯爵の隣で、緊張しすぎてくたびれた！」。

ボージョレとヌーボーは同じではない

僕の友人で、僕と同じように高校・大学生のころからワインを飲みだした宇津木という男がいる。僕と違って無手勝流（むてかつ）。ワインに氷を入れたり、温めて飲んだり、教本で頭がコチコチになっていた僕にしょっちゅう小言を言わせていた。しかしなんと言おうとカエルの面に水、

「俺が飲むんだから、俺の好きなようにやればいいだろう」

ところが初めてフランスへ行ってみて、どうやらあいつの方が正しいんじゃないかと考えさせられた。フランス人は、みんな勝手な飲み方をしているからだ。カフェでとぐろを巻いている親爺達が飲んでいるのは、ひどい代物だった。レストランで飲んだワインが冷えすぎているので苦情を言うと、ボーイが渋い顔をして、ストーブで温めた。

一九七〇年代の初めのことだが、リヨンの名店・「マリー・タント婆さん」の店に行ったときの話である。ここの長ねぎの煮込みがうまいと聞いて行ったのだが、そこですすめられたワインに驚いた。口に含むと、生気（セブ）が口中にほとばしるように流れ踊っている。まさに生命の讃歌。うーん、これがワインかと唸って、しばらく口もきけなかった。名前は初めて聞くものだったが、ホテルに帰りワイン辞典を引いてみてわかった。「ボージョレ」の「フルーリィ」だった。

実は「ボージョレ」には三階層ある。一番下が普通の「ボージョレ」。その上が一級品の「ボージョレ・ヴィラージュ」。一番上、つまり特級が村名を名乗れる「クリュ・ボージョレ」。何もつかない「ボージョレ」はいわば安酒。だがそれなりの良さがあり、パリジャンは気楽にガブ飲みをしている。「ボージョレ・ヴィラージュ」は少し高いがなかなかうまい。おなじみの「ヌーボー」は、「ボージョレ」の安物の変身なんだ。

こんな話をすると意地が悪いようで気がひけるが、実は広大なボージョレ地区は南と北とに分かれている。いいものはどうしても北の方で出来る。「ヴィラージュ」ものは北でないと出せないし、その中の優れたものが「クリュ」の栄冠をかぶれる。南の方は単なる「ボージョレ」しか出せないし、量もかなりなもの。そこで頭をひねって仕立て上げたのが「ヌーボー」なんだ。

だからと言って単なる「ボージョレ」が悪いと言っているわけではない。ここでのブドウは「ガメ」。ブルゴーニュの名酒を出すのはもっと北の方の「コート・ドール」。そこで使うブドウは「ピノ・ノワール」だ。ガメをコート・ドールで育てると、どうもぱっとしないワインになる。その昔、ブルゴーニュ公はガメを使うのを禁止したくらいだ。そのガメがボージョレで育てられると、コート・ドールと違ったワインを生む。気象の違いとかいろいろな理由があるが、ボージョレ地区は地勢的に見ると、中央高地の延長で土壌は花崗岩。出来るワ

ボージョレの３階層。右がただの「ボージョレ」。中が１級品の「ボージョレ・ヴィラージュ」。左が特級品の村名もの「フルーリィ」

インは軽快で爽やか、人懐っこい。アメリカなどでもガメを使っていろいろやっているようだが、どうしても重くなり軽快にならない。また、最近はロワールでもガメを使いだしているが、ボージョレと全く違うワインになっている。

「ヴィラージュ」ものは、いわば一級ランクが上がるから、これはこれで悪くない。さらに「クリュ」ものになるとまさに別格。村名を名乗れるから「村名ワイン」とも呼んでいるが、村によって味が違う。それぞれの村の個性が出る。現在、十の村名が認められていて、人によって好き嫌いが分かれる。パリジャンは「シルーブル」がお好きなようである。しかし、十目の見るところ、十指の指すところは「ムーラン・ナヴァン」「フルーリィ」「モルゴン」。「ムーラン・ナヴァン」は、村の中央の丘の上に風車(ムーラン)があるのでその名がついた。その名のおかげで人気があり、ボディがしっかりしている。「フルーリィ」は〝花のような〟という名前の通り、香りが華やか。「モルゴン」は特有の土壌のために味に深みがある、と個性がはっきり出る。

ブルゴーニュワイン党の正統派をもって任じる愛飲家達は、黄金丘陵地区のものだけが正真正銘のブルゴーニュで、「ボージョレ」はブルゴーニュではないと決めつけている。確かに「ボージョレ」はブルゴーニュの中でひと味違う。しかしこのワインを貶(けな)す連中は「クリュ・ボージョレ」の逸品を飲んでいないんだ。パリのうまいビストロの親爺はお気に入りの「クリュ・ボージョレ」を選び、店に樽で運んで客に飲ませるのを自慢にしている。まだ飲んでいなかったら、騙されたと思って一度「フルーリィ」を探して飲んでみたらいい。必ずファンになるはずだ。

ボージョレ・ヌーボーの喜悲劇

もともと普通のワインは、秋にブドウを収穫して、翌年の三月頃から市場に出す。それを十一月の半ばから出すようにしたのが、「ボージョレ・ヌーボー」だ。ボージョレ地区はブドウの大量生産地。巨大な発酵タンクに詰めこむと、下の方の実が潰れて自然に発酵が始まる。ボージョレの生産者はこの現象に目をつけ、タンクを密封して発生する炭酸ガスと一緒にブドウを発酵させる「マセラシオン・カルボニック」という製法を開発した。これだとタンニンが表に強く出ないで、早くから飲める軽快なワインになる。パリでは、酒屋や居酒屋で「ヌーボー来る」という看板を出して、安くガブ飲みさせたから、呑ん兵衛連中が道路にまではみ出し、ワイワイとお祭り騒ぎをした。これに目をつけたのがロンドンっ子。

その昔ロンドンでは、ボルドーの新酒の到着一番乗りを競ったという伝統がある。それをリバイバルさせて、ボージョレの産地からロンドンまで車のラリー競争をやって、誰が一番乗りするかの賭けまでした。英国人は賭けが大好きなんだ。俺達もやってみようと考えたのが、日出ずる国の酒商たち。日付変更線の関係で「世界で一番早く飲める」というのを、売り出しのキャッチ

ワインの季節の到来を告げる「ボージョレ・ヌーボー」の告知画面（メルシャンHPより）

フレーズにした。もともとは十一月十五日が解禁日だった。ただ十五日が日曜や休日だったりすると、フランス人はさっさと休んでしまう。首を長くして待っている人間がいることなんか全く気にしない。そこで解禁を、十一月の第三木曜日に決めた。

日本にも物好きはいるから、バスを仕立てて成田空港まで乗り込み、そこで飲めば世界で一番早く飲めるということまでやりだした。成田が満杯で、飛行機に積んだ荷が降ろせず、香港まで行ってしまって青くなった輸入業者もいた。空港でバスが着くのを待っていたら、他の業者をテレビ局が取材していたので、バスが間違えてそっちに行ってしまったと、カンカンになって怒ったり口惜しがる業者も出てきた。

僕はこの騒ぎに加担した、というより音頭を取った。まだ日本ではワインは古い方がいいという迷信を信じている人が多かったので、その誤解を打破したかったからだ。ワインは本来フレッシュ・アンド・フルーティーを楽しむ飲み物だとわかってほしかったんだ。

サントリー社と協力して、サントリーホールの前にあったレストラン「マエストロ」で、写真家のノーベル賞とも言われるハッセルブラッド国際写真賞をとった濱谷浩さんをお招きして深夜のカウントダウンをやったりした。銀座のコリドー街では業者の方々にお願いし、ヌーボーの街頭立ち飲み試飲会もやった。マスコミがはやしたて、一時期かなりの人気になったが、マスコミはニュースが古くなると見向きもしなくなる。屋根に上った後に梯子をはずされたようなもので、人気は終息。しばらく静かになった。

ところが価格競争が始まって、高かったヌーボーがそう高いものでなくなり、誰でも手を出せるようになった。それとフレッシュ・アンド・フルーティーの良さに気がつく人が多くなったから、ヌーボー人気が再来し、輸入量もはね上がった。スーパーなどは、客寄せの目玉商品にするため、出血覚悟としか思えぬほどの超安価で売り出したりしている。

ところが、現地やソペクサ（フランス食品振興会）の人達の中には、ヌーボー騒ぎをあまり歓迎しない向きも少なくない。ヌーボー人気のために本来のボージョレの比重が下がってしまうからだ。もともとボージョレ地区は北半分の方にいいものが偏っていて、南半分は品質が落ちる。ヌーボーを売り込み喜んでいるのは、南半分の生産者たち。ヌーボーでないボージョレに、実にいいものがある。

毎年、大豊作という大本営発表みたいな宣伝をしているが、ヌーボーを飲む人が増えたということ自体は悪い話ではない。だけどあまり売れるものだから、万人の口に合うように味が均一化し、おとなしくまろやかになったのは気がかり。ヌーボーはもともとワインと果汁との中間のようなもので、フレッシュだが荒々しく粗野で、野性味があるワインなのだ。最近のヌーボーは、もはやヌーボーではなく、どれも同じようなおいしさのものになってしまったと嘆くのは、老人のタワゴトなんだろうか？　これでは飽きられてしまうぞ！

オスピス・ド・ボーヌの大競売

ブルゴーニュ公国は、その最盛期にはフランダース地方（今のベルギー）にまでその領土を広げ、その繁栄ぶりは、パリのフランス王の顔色をなからしめるほどだった。その首都ディジョンとリヨンの間にあるのがボーヌ。丸い城壁に囲まれたこの古都は、中世の面影を今も残している。大手ネゴシアンの拠点だし、住民のほとんどがワインと関係を持つワイン都市。世界のブルゴーニュワインファンのメッカ。シーズンには、街中にほろ酔いかげんの空気がただよう。

この街の中心に、鉛色の急傾斜の屋根を持ち、ひときわ目立つたたずまいを見せる建物がある。一風変わった玄関を入った中庭は、カラフルな瓦屋根とフランボワイヤン様式の飾りで、絢爛（けんらん）豪華そのもの。その豪華さからは想像しにくいが、ここは病気になった貧民を救済するための施療院（オスピス・ド・ボーヌ）なのだ。巨大な木組みの屋根の下に、病室や多くの治療器具が収納されている部屋がある。

ここを有名にしている一つは、フランダースの名画家ロヒール・ファン・デル・ウェイデンが描いた「最後の審判」の祭壇画だ。天秤を持った聖ミカエルを中心に、天国へ行ける人と、地獄に落ちる人が描き分けられている。地獄に落ちる人の方が多いのが面白い。フランスの歴史に精通する田辺保さんが書いた『ボーヌで死ぬということ〈中世の秋〉の一風景』（みすず書房）を読むと、この絵の持つ意味が実によくわかる。この本を持って一日がかりで見学すると、中世のフランスに戻ったような気持ちになる。

この施療院は、ブルゴーニュ公国の財務長官だったニコラ・ロランが、敬虔な妻ギゴーヌ・ド・サランの要請で建てたもの。「税金を人から絞るだけ絞った罪滅ぼし」と皮肉った王がいる。ロランは建物だけでなく、維持費のために所有畑も寄進した。これを見習った貴族が続いたため、この施療院はボーヌ最大の銘醸畑の所有者となった。毎年造ったワインを競売にかけ、競落金で経費をまかなうようになった。この競売は以前は中庭で行われていたが、今は施療院の前に建てられた公会堂で行われている。

競売は「蠟燭オークション」と呼ばれる古風なやり方で行われる。競り手が持った小さな蠟燭が燃えている間は競りが行われ、消えた瞬間に、それまでの最高値をつけた者が、競落人になる。本来は慈善目的だが世界中のワイン商が集まって競り合うから、大変な熱気。ワインは特製のラベルで飾られていてブルゴーニュワインのファンたるもの、誰でも飲みたがる。品質もなかなかの優れもの。競りは樽単位で行われる。僕も飲みたくてブシャール・エイネ社のポール社長に頼んで一樽競り落としてもらった。ところがいざ落としてみると、一樽が瓶で三百本以上。と

ボーヌの街のスケッチと、毎年ワインの大競売会が開かれるオスピス・ド・ボーヌ

ても一人では飲めない。僕の分は半分にしてもらった。それでも多すぎるから日本に戻って、一箱だけ残してあとは友人知人を拝み倒して引き取ってもらった。

この競売の競り値は、ブルゴーニュワインの毎年のバロメーターになっている。ある年、毎年最初の競りで最高値をつける慣習になっていたパトリアルシュ社の社長が、あることからおヘソを曲げて、今年はやらないと言いだした。折しも不況で、ブルゴーニュワインの売り上げが下落・低迷していたから、関係者は頭を抱えた。さて、当日がきた。当初、予想通り競り値は低く、暗い雰囲気が会場に漂った。

ところが中頃から、突如競り手が交替した。代わって現れたのは、フランスきっての大女優カトリーヌ・ドヌーブ。会場は驚きさざめく。競り手が美女に代わったとたんに、活気づいた競売人達が次々と高値で競り合い、競り値がウナギ登り。好成績で競売は終わり、めでたしめでたし。どうもあれはボーヌの業者の陰謀らしいと苦情が出たが、追及する者はなく、うやむやに。

そのカトリーヌ・ドヌーブが、クロ・ド・ヴジョーの大晩餐に姿を見せた。絶好のチャンスとばかり、用にかこつけて、彼女の席の近くまで行ってしげしげとお顔を拝見した。さすがはフランスのあこがれの大女優。まぎれもなく美女中の美女。相当の歳なのに顔に皺（しわ）一つない。目尻に烏（からす）の足跡も出ていなかった。ただただ、見惚れるばかり、以後断然、彼女のファンになった。

特製ラベルが貼られた落札ワイン。カトリーヌ・ドヌーブの登場で会場は騒然

唎き酒騎士団の大宴会

　フランスの国歌は「ラ・マルセイエーズ」。フランス革命が起きたとき、ヨーロッパの反動諸国は革命の余波をおそれて、フランスに攻め込んで革命政府を潰そうとした。それを守るべく各地で義勇兵を募った。マルセイユ地方の義勇軍がパリへと行進するとき、歌いだした歌がある。「ラ・マルセイエーズ」、それが愛されていつしか各地に広がり、革命の栄光を記念すべく国歌になった。その行進の途中、ある地にさしかかると隊長が行進を止め、儀礼の捧げ銃（つつ）を命じて、宣言した。「われらが守るべきは、かくも美しい国土なのだ！」。その場所こそ「クロ・ド・ヴジョー」。ブルゴーニュきっての名酒を生む畑のあるところである。隊長は、国土よりワインを守りたかったのかもしれない。

　中世の精神界を支配したと言われたのは、ブルゴーニュはマコンの西にあるクリュニー会の大修道院。このことは前も述べたが、かつてはヨーロッパ最大の寺院と言われた。繁栄すれば、堕落も始まる。高僧達は権勢におごり、華麗と逸楽に耽（ふけ）った。それに抗した真面目な修道僧達がソーヌ河畔の辺鄙な荒野（現在のニュイ・サン・ジョルジュ市の東）に新修道院を建て、教義の原

「唎き酒騎士団」の本部クロ・ド・ヴジョー城。毎年盛大な大宴会が開かれる

点に返った修道生活を送るようになった。周囲に葦(シトー)が茂っていたので、シトー派と呼ばれるようになった。やがて、クリュニーより尊敬されるようになる。

キリスト教の礼拝にワインは不可欠だが、ソーヌ川に近い河原ではいいブドウは出来ない。修道僧達は、もっと西にある丘（これが現在の黄金丘陵、コート・ドール）の斜面の一部を手に入れ、そこでブドウを栽培した。シトー派は純潔を守るため、寺院に彫刻を始めとする一切の装飾をしなかったし、装う僧衣は純白だった。そうした修道生活を守る僧侶にとって、神に捧げるワインは至高純潔なものでなければならない。そのため、畑の中で至高の土壌を持つ場所を探して、区画を作った（土をなめて選んだと言われる）。これが後の「クロ・ド・ヴジョー」。ブドウは、純粋さを出す品種（ピノとシャルドネ）を選び、当時普通だった多品種の混合をしなかった。この優れた特定区画の畑と、単一品種によるワイン造りは、近隣の農民達も見習うようになり、今日の世界でもトップに立つブルゴーニュワインが生まれたのである。

かつては、「クロ・ド・ヴジョー」のワインは「ロマネ・コンティ」「シャンベルタン」と並んでブルゴーニュの三大名酒とされていた。ところがフランス革命が起こって、この畑は国家に没収されて、民間に払い下げられた。その上、フランス民法典の均分相続法のため、次第に分割されていった。また、フィロキセラ禍の時代、コート・ドールの畑も荒廃し、所有していた大商人達も役に立たない畑を売りに出した。しかし買い手は畑を耕していた農家だけ。広い畑を買うだけの資力を持たなかった農家が多かったから、畑をこま切れにして売った。その結果ブルゴーニュはボルドーと違って、小規模生産者の小規模所有が主流になった。

グラン・クリュの「クロ・ド・ヴジョー」の畑の一区画でも、手に入れるということは、酒造り屋にとっては栄誉の象徴だった。かくて、かなり広い「クロ・ド・ヴジョー」の畑は細かく分割所有（現在約四十軒くらい）されることになった。畑の中にも優劣があり（斜面下部では優れたワインは出来ない）、しかも造り手にも上手下手がある。玉石混交の中で、出所は秘密にしていたから、ひどいものも出て名声は地に堕ちた。見るに見かねて、畑の区分状況と、その造り手達を公表したのが、ブルゴーニュワインを愛してやまない英国のワインライター、アンソニー・ハンソンである。当然大騒ぎになった。それもやっと収まり、今では畑の所有者も、その生産者名も公表されるようになったから、「クロ・ド・ヴジョー」の名声も回復しつつある。

ワインの話はそれとして、この畑の真ん中に、建物がある。シトー派もヨーロッパ各地に分院を持つようになると、名声を慕って訪れる者も多くなる。その中には賓客も少なくなかったから、迎賓館を建てた。これが現在の「シャトー・クロ・ド・ヴジョー」である。長い歴史の中で、持ち主が数回変わった。大きすぎてメンテナンスも大変だから、老朽化した建物は廃墟になる寸前までいった。建物の中には、中世の巨大な木製ブドウ圧搾機が残っている。第二次世界大戦中、ここがドイツの捕虜収容所になったから、危うく壊されて薪にされるところだった。

二十世紀初頭、世界の経済恐慌と重なった不作年のため、コート・ドールの中小ブドウ栽培家は、ゆゆしい苦境に陥った。これを憂えたカミュ・ロディエとジョルジュ・フェヴレの音頭取りで、一九三四年にブルゴーニュワイン助成協会「コンフレリー・デ・シュヴァリエ・デュ・タートヴァン」が創設された。この協会が本拠にしたのが「シャトー・クロ・ド・ヴジョー」だった。以後、協会の活動は目覚ましく、ブルゴーニュワインの繁栄に大いに貢献した。活動は多岐にわたるが、特に成功したのがシャトーでの大宴会。ブルゴーニュワインの普及に尽くした各国の人を招いて「唎き酒騎士（シュヴァリエ・デュ・タートヴァン）」に選び、毎年一回の叙任式を兼ねた大宴会を開いた。

供するワインと食事が悪かろうはずがない。それに加えて「ブルゴーニュの兄弟（カデット）」と称する歌自慢の男たちが、ラブレー風の陽気な合唱を行う。初めてこの宴会に出席したとき、タキシード着用の定めを無視して行って恥ずかしい思いをした。夫婦同伴だったので、家内には着物を着てもらった。初冬なのに桜模様の着物しかなかったので家内は嫌がったが、フランス人は季節など気にしなかったから好評だった。

ブルゴーニュの4つ星ホテル「シャトー・ド・シャイィ」の所有者、佐多商会の佐多保彦社長の活躍で一九九五年、日本支部が結成された。あれから二十年。年に四回の会のうち、十二月のクリスマス晩餐会には、現地から騎士団の幹部とブルゴーニュの兄弟も参加する。ワイン関係の宴会としては、日本最大規模。パン・ブルギニョンという独特の拍手とともに繰り広げられる宴会は、ワインとともに生きる歓びを実感させてくれる。今では、僕も最古参会員の一人になったが、初心忘るべからずの気持ちで参加している。

恒例の「唎き酒騎士」叙任式。式後の大宴会は陽気な合唱で大いに盛り上がる（ヴァン シュール ヴァンHPより）

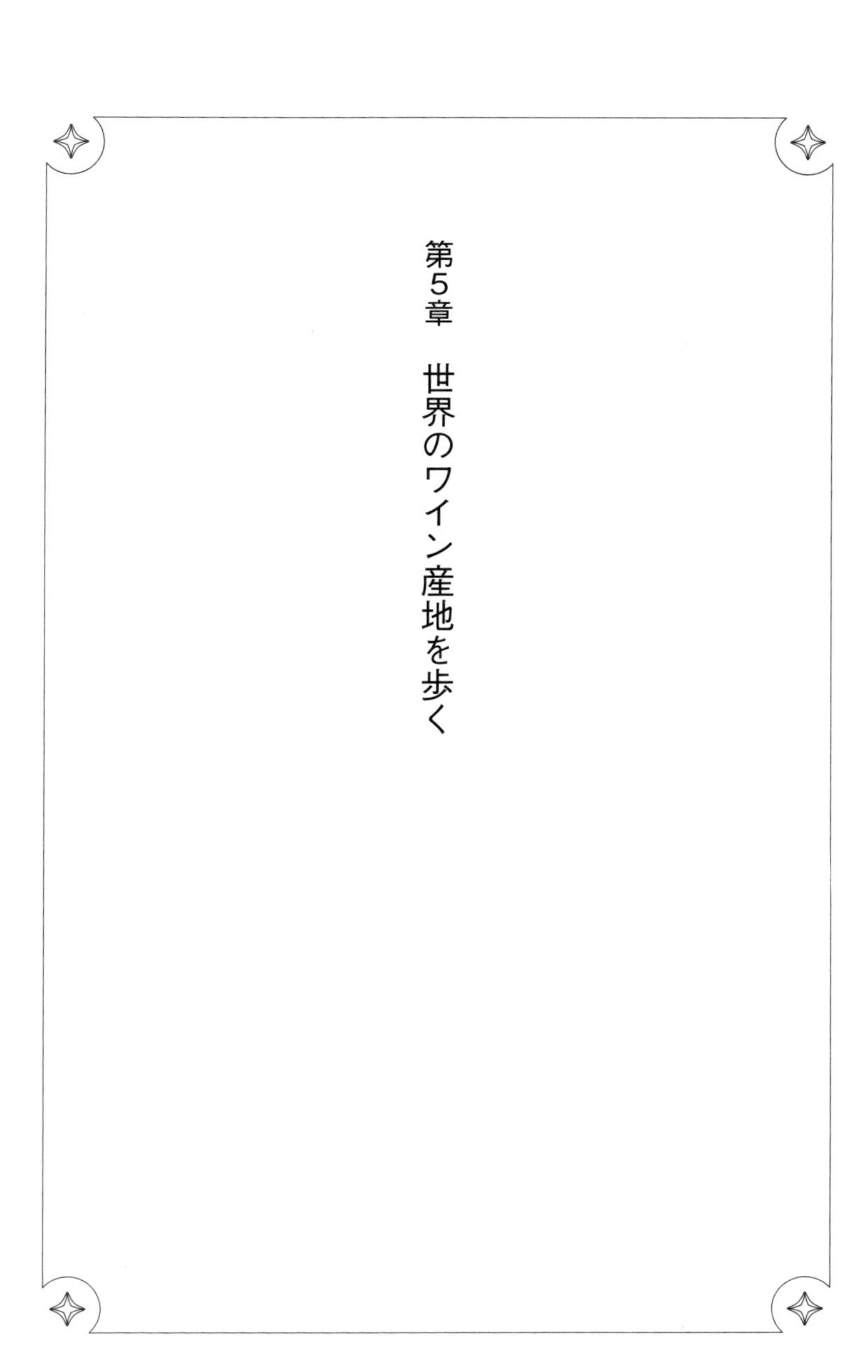

第5章　世界のワイン産地を歩く

この章について

フランスワインは素晴らしい。しかしフランスワインだけがワインではない。イタリアもフランスに引けを取らない面もあるし、総体的に人好きがするたちである。ただ、村が違えばワインも違うと言われるように数が多く、造り手も自我自尊、自己流のやり方をするところがあるから、イタリアワインに熟達するのは容易ではない。

ドイツワインはかつて日本での輸入量が一位だった時代もあったが、近ごろは落ち込みがひどい。世界的な赤ワインブームと辛口嗜好が、この国のワインにはダブルパンチだった。近年はニューウェーブの造り手が、赤と辛口に挑み、なかなか素晴らしいものが現れるようになった。しかし、やはり甘口や中甘口を飲みたい。ことにモーゼル。世界のどの国でもこんなワインは造れない。爽やかな甘みは、この寒い国ならではの酸がバックになっている。甘いワインはまさに甘露なんだ。飲まず嫌いをしないでとにかく飲んでみたらいい。きっとファンになるだろう。

ピレネー山脈を越えたらヨーロッパではないと、スペインワインは小バカにされていた。それがこの二十年あまりのうちに全く様変わりした。いろんな事情が重なって、ヨー

ドイツの名酒「シャルツホーフベルガー」。銘醸畑の最良部分はＥ・ミューラー家が所有

ロッパの中でスペインほど、激変・激動している国はない。「ベガ・シシリア」のワインが突然世界のワインのスターダムに躍り出ると、それに刺激されて他の地方のワイン造り屋が、品質向上に挑戦するようになった。発泡ワインのカバが、シャンパンに次ぐ世界第二の地位を獲得した。プリオラートのように未知の小地区が、世界の注目を引く極上ワインを生み出している。伝統的中心地リオハでは、古典派とモダン派がしのぎを削っている。
　カリフォルニアは今や新世界のリーダーになったし、ギリシャや南アフリカのワインは全く面目を一新した。これらの動向を抜きにしてワインを語れない時代になったのだ。

この章に登場するお酒と人と料理など

モーゼル
シュロス・ヨハニスベルク
アンドレ・シモン
ラインガウ
シャルツホーフベルガー
フォルスタッフ
シェリー
マラガ
ティオ・ぺぺ
エミリオ・ルスタウ
アルマセニスタ
坂口謹一郎博士
アレック・ウォー
ルビーポート
ヴィンテージポート
南アフリカワイン
ギリシャワイン
レツィーナ
スイスワイン
ルーズベルト大統領
パリスの審判
シャトー・モンテリーナ
スタッグス・リープ

モーゼルは甘口ワインのお花畑

今の若い人達は知らないと思うが、日本のワイン輸入量のトップがドイツだった時代があった。やがてフランスに抜かれ、二十世紀末から低落現象が起き、二〇一三年には第八位。きっかけはジエチレングリコール事件。オーストリアの悪徳業者がガソリンの不凍液をワインに混ぜて売った。ワインにまろみと甘みがつくからだ。ドイツのメーカーがそれに気づかずにブレンド用に使い、それが回り回って日本に入ってきた。実際は健康にそれほど被害を与えるものではなかったが、マスコミが「毒入りワイン」と騒ぎたてたため、他の国のワインまで売り上げが落ちた。

しかし、ドイツワイン急落の原因はそれだけではなく、世界の流行だった。白は辛口嗜好になり、健康にいいということから赤ワインブーム。ドイツワインは甘いという誤解と、ドイツと言えば白ということから、ワイン愛好者が見向きもしなくなった。

日本の本格的ワインの教科書のはしりは、日本ソムリエ協会の初代会長浅田勝美さんの『ワインの知識とサービス』(柴田書店)。その中にフランスの有名なワインと並んでドイツもちゃんと紹介されていた。トップとされる「シュロス・ヨハニスベルク」なんかは、僕にとってあこがれの的だった。

縁があって、英国のワイン界のドン、アンドレ・シモンの書いた『ザ・コモンセンス・オブ・ワイン』を僕が訳すことになった（邦題『世界のワイン』柴田書店）。地名の部分でどうしても訳せないところがあった。大学院時代二年間ドイツ語漬けになった経験があり、ドイツ語はなんとか訳せるはずだった。ところがどうもおかしい。弱ったあげく、銀座は並木通りのドイツレストラン「ケテル」のマダムに助けを求めた。

ところが原書を読んだマダムはゲラゲラ、笑いが止まらない。奇抜な名前がぞろぞろ出てくるからだ。例えば、「蟻の山」「馬の岩」「野ぶた」「ごろつき」「冥土の山」「はげ山」「袋かつぎ人夫」「がらくた」「豚の胃袋」「海ぐも」「黒猫」「葡萄の魔女」「黄金の滴」「鳥の歌」「くしゃみ」「悪女のもの」「偽りの山」「無頼漢」「猫の頭」「許嫁（いいなずけ）の心意気」「頑固な山」！　自分の畑とワインを人に覚えてもらおうと頭をひねった、ドイツ中世農民のブラックユーモアなんだ。

そんなこともあってドイツワインに関心を持つようになったが、ある日、当時カメラのライカに凝っていたため、輸入業者のシュミットを訪ねた。そこで古賀守先生と知り合いになった。ドイツに留学してドイツワインに惚れこんだ、日本でのドイツワインの最高権威だ。弟子入りをして先生のワイン会に出たり、銀座の天ぷら屋「天國」の裏にあった日本初のワインバー「ワインケラーサワ」にも行くようになった。

ドイツワインの名産地は「ラインガウ」と「モーゼル」。しかしなんと言ってもラインガウの方が格が上。スイスに源流があるライン河は一路北上するが、フランクフルトの近くで流れを南北から東西に変え、少し行ったところでもとの南北に戻る。このわずかな場所では右岸が南向きになり、なだらかな斜面をブドウ畑がびっしり覆っている。そこに「シュロス・ヨハニスベルク」を始めとする超高級ワインを生むケラーが、綺羅星のようにひしめいている。

一方、源流がフランスにあるモーゼル川は、コブレンツのところでライン本流と合流するが、狭い急傾斜の谷間をくねくねと蛇行する。その南斜面が畑になっていて、スレート状の岩だらけ。どちらもドイツ特有の細長い瓶で市場に出るが、片や茶色、片や緑色ですぐ見分けがつく。ラインガウの方が立派で高尚なことはわかっているんだが、どこかお高くとまっていて近づきにくい。その点、モーゼルの方が僕の肌に合った。

あるとき、「ワインケラーサワ」のマダム石澤さんから「これを飲んでみて」と出されたのが、「シャルツホーフベルガー」。一目惚れ！　まだ有名でなかった時代で、そう高くなかった。マダムから「山本先生はこればっかり飲んで……」と叱られた。ところが、ある年から一躍モーゼルのトップのスターダムにのし上がった。今度は僕の方が、そう高くない鼻を高くする番だっ

緩やかに湾曲するモーゼル川とベルンカステルの街。背後の斜面にはブドウ畑が広がる

た。

モーゼルにも、王様の病気を治した伝説がある「ベルンカステラー・ドクトール」とか、畑に日時計がある「ヴェーレナー・ゾンネンウーア」のような、由緒ある極上クラスの銘酒がある。しかしそんな高いものに手を出さなくても、ほどほどの値段で素晴らしいものに出会える。まさに甘口ワインのお花畑。もっとも安物は敬遠すること。

モーゼルほど酸の「きれいな」ワインは世界にない。味覚と視覚とは表現法が違うことはわかっているが、モーゼルは「優美」と誉めるのがぴったり。透き通るようなピュアな果実の中をきれいな酸が流れて妙なるハーモニーを醸し出す。しかも、まさしく甘露そのもの。こういう甘いワインを小バカにするのは飲まず嫌いと言うもので、人生の逸楽の一つに自ら門を閉ざすようなものだ。

モーゼルの名酒3本。右から
「シャルツホーフベルガー」
「ベルンカステラー・ドクトール」
「ヴェーレナー・ゾンネンウーア」

セビリアのサンタクロース

シェイクスピアが生んだ異色の登場人物(キャラクター)はデブのフォルスタッフ。ぐうたらでホラ吹き、臆病で卑怯、大酒飲みで助平と不謹慎の見本のような男。ところがすごく人気がある。その呑ん兵衛男が史劇『ヘンリー四世』の中で、「サック」というワインについて、その効能を数十分長口上で誉めたてて啖呵(たんか)を切る。

「俺に倅(せがれ)の千人でもいてみろ、第一(でえいち)に言って聞かせる修身ってのァな、水っぽい酒なんざ七里(しちり)結界(けっぱい)、サック酒ならいっそ浴びるほど飲めって、まずこれだァね」(中野好夫訳)

当然、お客は大喜びの拍手喝采。劇場は沸き立つ。このサックは今の「シェリー」のこと。

「シェリー」は、スペインのワインだが、生い立ちから言うと、英国人が生み、英国人が育てて、世界に広めた。英国人がこのワインを贔屓(ひいき)にするのは、歴史的事情がある。スペインは中世に世界一の大帝国になり、南米との貿易で富んだ。それを支えたのは、スペインが世界に誇る無敵艦隊。英国はまだ小国で、スペインの威力の下で小さくなっていた。口惜しかったからか、稼ぎたかったからか、その両方だろうが、英国の海賊がスペイン船を襲った。エリザベス女王はこ

『ヘンリー四世』シェイクスピア著。これは松岡和子訳のちくま文庫版。右下がホラ吹きで大酒のみのフォルスタッフ

の海賊の私奪船を禁止するどころか黙認し、その分け前をもらっていた。海賊のボスが有名な船長(キャプテン)ドレーク。

ジブラルタル半島の西の大西洋岸に、カディスという港都があり、スペイン艦隊の拠点になっていた。ドレークはスペイン艦隊の留守をねらって、ここを襲い、港を荒らしまわった。そのついでに、おみやげとして、港にしこたま積んであったワインを根こそぎ掠奪して帰った。「ドレークがスペイン王の髭を焦がした」と言われる歴史的大事件。持ち帰ったワインで、英国中が沸き返った。後に英国のネルソン提督が、フランスとスペインの連合艦隊を撃破した、かの有名な「トラファルガーの海戦」も、このカディスの沖合で行われた。

カディスの内陸にあるのが、大ワイン産地のヘレス。地名の「ヘレス」が訛(なま)って「シェリー」になった。英国がスペインと世界の覇権を争う前は、英国人はこの「ヘレス」と少し地中海側の「マラガ」のワインをせっせと運びこんで飲んでいた。英国は寒いし、長い航海でももつようにするためにも、強いワインが欲しかった。そこで濃くて甘かったワインに、アルコールを加えてみた。これが結構具合がいい。それが今日われわれが「酒精強化ワイン(フォーティファイド)」と呼ぶワインの出現である。出来上がったワインにアルコールを加えるのは邪道で、これはワインとは呼

上：ヘレスの街。その名が訛って「シェリー」に。下：この酒に独特の香味をもたらす産膜酵母のフロール（画像提供：シェリー委員会）

べない。しかし、醸造中に、ワインから造ったアルコールを加えるのはかまわないということで、この「アル添ワイン」は合法的に「ワイン」のお仲間入りをしている。ブドウの種類とアル添のタイミングによって、甘くも辛くもなる。ついでに言うと、ポルトガルの「ポートワイン」も酒精強化ワインで、これを育てたのも英国人なのである。

この手のワインは、普通のワインと違って食事中は飲まない。辛口は食前、甘口は食後に飲む。また英国人は「シェリーはときを選ばない」と言って、食事とは無関係に飲む。僕も英国に行って、ある酒商を訪問したとき、日中オフィスで「シェリー」を出されて面食らった経験がある。有り難く頂戴させていただいたが。

日本にも早くから輸入されていた。英国の風習を見習いたかったのと、栓を抜いてもひと瓶全部を空けなくてもすむのが便利だったからだろう。初めは「シェリー」と言えば赤ラベルに黒マントのサンデマン社のものだけだった。そのうち、ゴンザレス社の「ティオ・ペペ」が大人気になり、自称紳士達が食前酒として、うやうやしくすするのは「ティオ・ペペ」一本やりという時代があった。

そんな事情もあって、どうしてもヘレスへ行きたかった。初めて行ったのは一九六九年。まだ外国旅行が今のように便利でなかった時代。日本ではスペインのセビリアまでの切符が買えず、パリへ行って「ミキ・ツーリスト」のお世話になった。当時、日本の旅行会社としてここだけがパリに支店を持っていた。ホテルの予約は出来なかったが、セビリア空港に行けばなんとかなると言われて安心して行った。当時はまだまるで田舎空港で、着いたのが遅かったから店はみんな閉まっている。途方にくれていたら、お客がゾロゾロ歩いている。どうしようかと迷いながらくっついて行ったら、市内行きのバスにたどり着いた。渡りに船とそのバスに乗ったら、降ろされたところは市内の公園。タクシーが一台停まっていたので、「ホテル、ホテル」と連呼して車を走らせた。数軒回ったが、どこも満室。最後のホテルで、英語の話せる支配人らしき男に泣きつくと、今日はお祭りで、どこに行っても駄目だろうと言われた。

運転手に身振り手振りでなんとか頼んで、もとの公園まで戻ってもらった。真っ暗な公園のベンチにトランク片手に一人つくねんと、今日は野宿かと覚悟した。ところが、どうも客引きらしい男が、アメリカ人の青年を案内して行くのが目に入ったので、その後をつけた。着いたのはどうやらホテルらしい。アメリカ人がガイドと言い争いを始めた。どうやら料金のことらしい。これはしめたと割って入って、こちらが泊めてもらうことになった。

ホテルらしきと言っても、平屋建ての民家のようで、何の装飾もない。案内された小さな部屋は石造りの壁で、鉄製のベッドが一つ置いてあるだけ。鉄製の留め金がカギ代わりで、便所は外だった。

上はヘレスにあるサンデマン社のビジターセンター。多くの観光客でにぎわう。左は「ティオ・ペペ」と、ブルゴーニュで言えばドメーヌものの「アルマセニスタ」

それでもスペインの第一夜はそこで眠れた。翌朝は快晴、朝になってわかったことだが、ここはセビリア中央公園の中の国営の民宿。その名がなんと「サンタクロース」だった。

さて、鉄道でヘレスまで行かなければならないから、駅を探さなくちゃあ。言うまでもなく、スペイン語は話せない。日本の本屋に『これは便利。世界各国旅行の虎の巻』という本があって、旅に必要な会話が、日本語とスペイン語で並べて書いてある。これさえあれば何とかなるだろうと、タカをくっていた。ところがである。タクシーを止めて「駅へ行きたい」と、その本に書いてあるカタカナのスペイン語を読んで話しかけると、運転手が何かペラペラまくしたててくる。こちらが言ったのは相手にわかるが、相手はこちらがスペイン語を話せると思って喋るから、これが全く駄目。詐欺みたいな本だった。押し問答で、どうやら駅が二つあり、どちらかと尋ねているのがわかった。「ヘレス、ヘレス」と連呼するとニッコリ。かくてやっとのことで駅に着いたが、お次は切符を買うのにひと苦労。しかし、これもヘレスの連呼で手に入った。プラットホームで待っていると、乗るべき列車が来ない。何台かの列車が出て行くので、そのたびに心配になって駅員に尋ねると、ここでいい、ここで待っていろ。なんと一時間半も来なかった。日本の列車が時間厳守で正確なのを実感した。定刻に列車が走らないのを怒らないお国ぶりなのだ。

しかし、たどり着いたヘレスの街は英語圏である。それだけで、天国にたどり着いた気持ちだった。日本の輸入業者から紹介状をもらったゴンザレス社を訪問。予想もしなかった大会社。樽を寝かせる熟成庫だけでも、日本の小学校の運動場くらいの広さで、積んである樽の数のすごさに胆を潰した。これだけのお酒をいったい誰が飲むんだ？　シェリーというのはワインと言っても、いろいろ変わった造り方をすることは本で知っていたが、実際に見て、なるほど。おかげで日本に帰って、バーテンダー達にウンチクをひけらかして、鼻を高くすることが出来た。

最近、と言っても十数年前からだが、シェリーに革命的と言える事態が起きている。長くシェリーは大手業者の寡占で、それがマンネリを起こしていた。ミニ生産者がないわけではなかったが、大手に市場を支配されているので、手も足も出なかった。これに挑戦したのがエミリオ・ルスタウ。優れたシェリーを造る生産者のものを集めて市場に出した。ブルゴーニュのドメーヌものと同じで、「アルマセニスタ」と呼んでいる。シャンパンの大手の「グラン・メゾン」に対する「レコルタン・マニピュラン」の出現と同じ現象である。試してみればわかるが、個性があり出色。この現象に刺激されて大手もいろいろ変わったもの（例えばヴィンテージもの）を出すようになった。

ポートワインは甘くない

日本では甘味果実酒「赤玉ポートワイン」があまりにも有名になりすぎたせいか、本物のポートワインに見向きもしない愛好家が多い。しかし、本物のポートは、まぎれもなく世界の名酒の一つだ。

坂口謹一郎博士の『世界の酒』（岩波新書、初版一九五七年）を読んで、先生も現地の畑を見ていないのを知り、どうしても行ってみたいと考えた。願いがかなえられたのは一九六九年。ポルトガルの首都リスボンの空港で、オポルト行きの飛行機（ヒコーキ）（ジェットではない）に乗ってひと眠りしていたら、着陸したのがなんと、リスボン空港。寝過ごしたのかと真っ青になったが、天候が悪いので引き返しただけだった。翌朝一番の便のやり直しで、オポルト市にめでたく到着した。だけど未知の街で、通訳もなくたった一人。ガイドブックも当時の日本では手に入らなかった。タクシーの運転手と話してみると案外安かったので、思い切って一日貸し切りにした。念願のドウロ河上流にたどり着いてみると、丘陵の段々畑の広大さにおったまげた。そこで幸せな一日を過ごすことができた。日本に帰って、丸善に頼んでポート関連の原書を手に入れて読んでみた。僕にとって、全く新しいワインの世界。いろいろ探して飲んでみて、だんだんその偉大な正

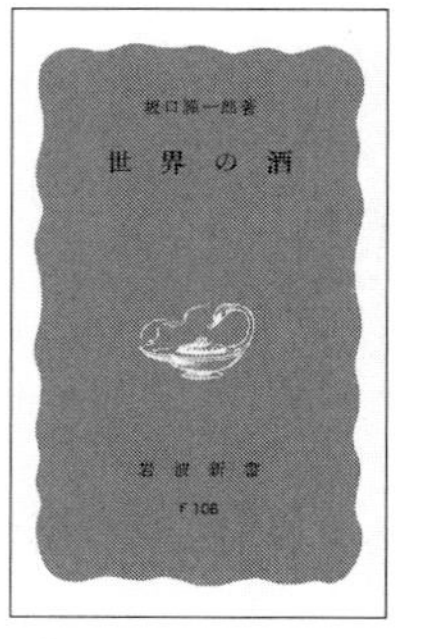

『世界の酒』坂口謹一郎（岩波新書）。愛酒家の必読書だった

体がわかるようになった。

一般にポートは酒精強化ワインとして知られているが、そんなことはどうでもいい。また、いくつかの面倒な分類があるがそれも無視して、ポートには二つのお酒があるんだということくらいは、呑ん兵衛たるもの知らざるべからず。一つは「ルビーポート」で、色が赤くて甘い。そう高くないし、飲んで楽しく日本でも簡単に手に入る。「赤玉ポートワイン」はこれを真似たのだ。

もう一つが「ヴィンテージポート」。これが曲者（くせもの）。と言うよりルビーとは全く別物で、世界の極上ワインの一つなのである。決して安くない。アレック・ウォーの『イン・プレイズ・オブ・ワイン』（邦題『わいん』英宝社）は、『失われた地平線』の名訳で知られる増野正衛先生の訳で、日本でも早くから読めるようになった（刊行は一九六四年）。数あるワイン本の中の名著中の名著で、私が教養としてのワイン、人類の文化的所産としてのワインを考えるようになったのは、この本のおかげである。この本は書き出しがポートで、ヴィンテージポートが英国の貴族や上流階級の独占物のようになった（だからあまり知られていない）歴史も書いてある。

ルビーが「樽熟」であるのに対し、ヴィンテージものは、「瓶熟」である。要するに、瓶で十年から二十年以上寝かせないと飲めない。いや飲んではいけないのだ。色は濃い茶褐色がかった

オポルトの丘の上からドウロ河を望む。ドン・ルイス１世橋が、生産者がひしめく左岸のヴィラ・ノヴァ・デ・ガイア地区と町の中心部を結ぶ（撮影：石井もと子）

琥珀色。熟成だけが生む、深く精妙で優雅な香りと味。もし、ワインの熟成ということがどんなものであるかを知りたかったら、ヴィンテージポートを飲んでみたらいい。もちろん安くはない。だが、造るのにかかった手間、熟成に要した歳月を考えれば、決して高くはない。

ポートには、「ルビー」と「ヴィンテージ」の二つのカテゴリーのほかに英国人、というより輸出業者が考案したいろんなスタイルのものがある（例えば「ブリストル・クリーム」）。それとは別に、各社に共通する名称として、以下のスタイルがある。白の「ホワイトポート」。これは辛口。ほとんど地元で飲まれてしまうので、あまり輸出されない。「レイトボトルド」は、何年か樽で熟成させてから瓶詰めしたもの。総体に高品質。「トウニー」というのは、暗黄褐色から名前をつけたもの。年代物と安物がある。「レイトボトルド」と「トウニー」の安くないものは、悪くない。なお「シングルキンタ」は、普通のポートがいくつかのキンタ（ブドウ園）のブレンドものなのに対し、特定のキンタだけのもの。当然上級品。

以上のようにポートは色も味もさまざま。しかしそれに惑わされてはいけない。まず、有名メーカーの本物の「ヴィンテージ」をしっかり飲みこんでみること。すると他のバリエーションものことも自然にわかってくる。日本でも京都の木下インターナショナル社がポルトガルワインに熱心で、ヴィンテージものを揃えている。最近、東京・銀座の並木通りにマデイラの年代物を揃えたワインバー「マデイラエントラーダ」を開いた。また四ツ谷駅近くに、いろんなポートが飲めるポルトガルレストラン「マヌエル・カーザ・デ・ファド」があるから試してみたらいい。

ワインが香る新天地

アフリカの最南西端、喜望峰のある南アフリカは、日本人にとっては遠い国だ。飛行機で行くにしても簡単ではない。シンガポールで乗り換えないと行けなかった。二〇〇六年、ケープタウンで大規模なトレードショーがあるから行かないかと、この国のワインを紹介している石井もと子さんに誘われて、清水の舞台を飛び下りることにした。

スエズ運河の開通以前、アジア行きの船にとって重要な中継地になっていたのがケープタウン。この街に初めてブドウの苗が植えられたのは、一六五五年のこと。まだボルドーの著名シャトーが名声を得る前である。一八一四年、宗主国がオランダから英国に代わると、英国人好みの「シェリー」や「ポート」、「ブランデー」を造るようになった。その後いろいろなワインに手を出すが、粗製濫造がひどかった。国が乗りだしてKWVという組織を作り、生産工程と流通を管理するようになった。そのために品質は向上し、粗悪品は姿を消した。ところが統制力が強すぎたため、生産者の創造精神は圧殺され、規格化された面白味のないものに堕してしまった。

一九九一年、アパルトヘイトの撤廃で貿易制限が解除され、KWVの統制が解かれると事態が劇変した。堰（せき）を切ったように多くのワイナリーが生まれ、現代技術を導入した優れたワインが乱舞する新天地になり、世界が注目するようになった。その様子を実地で見たかったから、この遠い国に行くことにしたのである。

見るもの聞くもの珍しかったが、ケープタウンはヨハネスブルクと全く違った世界で、治安もよく街も近代的で綺麗だった。白人優位だが、黒人も陽気に働いていて、ちょっとアメリカのニユー・オーリンズに似た雰囲気がある。港都の波止場一帯は、ディズニーランドとハウステンボスを一緒にしたような大レジャーセンターで、土産物も買えるショッピングゾーンにもなっている。その一角に「バルタザール」という、自称世界一を誇るワインバーがあった。確かにこんなワインバーはそう滅多にない。五百本におよぶワインリストは見事なものだった。

料理で驚かされたのは、アジア風。その昔、オランダ人がこの地を支配したが、召し使いが要る。アフリカ人は召し使い向きでなかったから、多くのインドネシア人やフィリピン人を移住させた。そのため、アジア風の生活スタイルがこの地に溶けこんだ。この店で魚料理がおいしいのは言うまでもないが、ガゼル、カモシカの串焼きなどもちょっとしたもの。ソムリエの説明によればカバ、キリン、象など、草食動物の肉は食べられる。ライオンやヒョウなど肉食動物の肉は臭くてとても食べられないそうだ。ワニは例外。と言われても、こちらは目を白黒させるだけ。このソムリエは黒人で、背が高くてスマート。ワインの知識も大したものだった。

そしてここの良さは、観光客をターゲットにしていない点。多種多様な民族、階級、職業、年齢の人達が、気軽に食事やワインを楽しんでいる。高級ワインを飲んでいるジェントルマンの横で、地元の労働者が陽気に安酒を飲んで騒いでいるかと思えば、ボヘミアン的友人同士が議論を闘わせている。ワインがごく日常的な雰囲気で飲まれていると同時に、接待や祝宴の場としても使われている。ここには、ハレとケのワインが仲良く同居しているんだ。ワインの香りがたちこめる中で、陽気で楽しい生命讃歌が渦巻いていた。

肝心のワイナリーで言えば、フランス人がかたまってワイン造りをしているフランシュックという町もあり、ミニパリと言いたいようなブティック街もある。またドイツの飛行機産業のドルニエ家が、険しい山の麓にウルトラモダンなワイナリーを建てている。奥様が日本人の「ニール・エリス」などは、日本庭園と急斜面畑が奇山に取り囲まれ、現地人が明るく仕事をしていた。使われているブドウも、造られているワインも実に多様。旧世界のヨーロッパとも、新世界のカリフォルニアとも違う。旧世界の尾骶骨が残った新世界のワインなのだ。甘口のシャルドネがあるかと思えば、ブルゴーニュに似て非なる「ピノタージュ」という赤ワインがある。

ここにはかつて「コンスタンシア」という極甘口のワインがあって、ハンガリーの「トカイ」、ドイツの「トロッケンベーレンアウスレーゼ」、フランスの「ソーテルヌ」と並ぶ四大名酒とされていた。二つの大戦の間に姿を消したが、今再興しつつある、というのが見たいところだった。確かに復興していて見事な畑なのだが、ワインの方はもう一息という感じだった。

からすみのルーツとギリシャワイン

イスタンブールは、かつて東ローマ帝国の首都だったし、ヨーロッパ文明とイスラム文明の接点だったから、珍しいものも多い。宝石店や骨董店がひしめくバザールには欲しいものがいくらでもあったし、街の高級レストランの料理もなかなかのものだった。

バザールのはずれ、ボスポラス海峡沿いの食品店で、どこかで見たことがあるような変わったものが、山ほど積み上げてあるのが目についた。書いてある名前を辞書で調べてみると、なんとわが国の珍味、ボラの卵巣「からすみ」だった。え、なんでこんなところにと驚いたが、考えてみるとここにはマルマラ海とエーゲ海をつなぐダーダネルス海峡があり、湖の水と海の水が混じる汽水地帯があるから、ボラが棲んでいても不思議ではないのだ。「からすみ」は「唐墨」が語源だが、ギリシャ・トルコ産のものが中国経由で日本に伝わったらしい（そう言えばフランスでも「ブータルグ」という名前のものを見たことがある）。

「からすみ」のルーツ、本家はあっちだったんだ。塩漬けしたのを、重しで潰し、形を整えるのも日本と同じ。どんな食べ方をするのか尋ねたが、通訳がいなかったのでよくわからない。どうやらスライスしたものを、ドレッシングで和えたりして食べるらしい。一つ買って、お土産に持って帰った。日本のものと食べ比べてみたが、どうも塩加減が違うらしく、そのままでは無理だった。

しかしこの「からすみ」には、ギリシャの辛口白ワインとか、ブルガリアの赤がよく合った。ブルガリアは、かなりのワイン輸出国で（生産が世界第六位の時代もあった）旧ソ連の衛星国だったときには日常消費ワインを造っていたが、ゴルバチョフの節酒令でひどい目に遭った。ソ連崩壊後はEUからの投資もあって、めざましく復活した。僕が行った当時はまだ混乱期だったが、それでも多分カベルネかメルロを使った赤は、決して悪くなかったのである。

さて、ギリシャのワイン。ヨーロッパ思想文明の発祥地であるこの国は、今日的ワインの原型を組成した国でもある。初めは、大衆の飲料としてだが、アテネを中心に都市文明が発達してくると、ディオニュソス（ローマ神話の酒神バッカス）信仰が生まれ、盛大なお祭りが年中行事になった。哲学者は、ワインを飲みながら難しいことを論じ合った。これが饗宴（シンポジウム）。当時の賢人達のワインに関する重要な関心事は、意外や、いかにワインを水で割るかだった。実にいろいろなブドウがあり、いろんなワインがあったのだ（関心のある方は『ワインの歴史』河出書房新社刊をお読みいただきたい）。

ギリシャはやがて古代ローマ帝国に併合され、栄光は過去のものとなり、ルネッサンスが訪れるまで忘れ去られていた。ワインも同じで、ギリシャのワインというと松脂（まつやに）入りの「レツィーナ」が名物になっていたくらいのものだった。この「レツィーナ」なるもの、珍しいので手に入れて飲んでみると、顔をしかめたくなるような代物だった。しかし飲み慣れると、おかしな味も気にならなくなるんだろう。

最近でこそギリシャのEU脱退が話題になっているが、EUに加盟することで、この国のワインに大変革が起きた。EUの資金が導入され巨大な現代的設備の大ワイナリーが出現。ヨーロッパへの輸出をねらった。モダンなスタイルのワインが造られるようになり、順風満帆の時代に入った。日本にも輸入され、東北新幹線で出されたこともある。このところ、ちょっと足踏み状態だが、モダンなワインが流行になり、若者はこれを飲み、古く懐かしき「レツィーナ」を飲むのは爺さん達だけになりつつある。しかし古典的ワインの全てが姿を消したわけではない。

どこのレストランでも出されるテーブルワインでも、熟成タイプの「カヴァ（スペインの発泡ワインと混同せぬこと）」は、白赤ともに決して悪くない。フランスのＡＣ（原産地呼称管理制度）に相当する、ギリシャのＯＰＡＰワインの品質は、バカに出来るものではない。歴史の底力があるんだ。ペロポネソス半島のネメアの赤、パトラスの白は立派だし、マヴロダフネで造る甘口の赤は面白い。北部マケドニアでクシノマヴロという変わった名前のブドウから造る赤はしたたかなもの。クレタ島もスパークリングを始めとするワインで元気がいい。また、歴史的に有名なサモス島の甘口ワインも健全。さらに、目下観光的にもヒートしている、火山で有名なサントリーニ島のワインも注目されている。

ジュネーヴの味噌汁

実は僕は「山男」で、日本の北アルプスはほとんど踏破している。だから、モンブランやマッターホルンの雪をいただいた山々が連なるスイスは、一度は行ってみたい夢の国だった。幸運にも本業の関係で何回か行く機会があり、夢を果たせた。と言っても、マッターホルンに登れたわけではない。チロルの巨大な滝景色とか、ドロミテ渓谷の素晴らしさは行って見てわかった。オーストリアのウィーンからマッターホルンまで東から西へ行くコースを、今日はスイス、明日はイタリアと二つの国境沿いをバスで走った。面白かったのは、スイスのホテルやレストランの食事は全く不味(まず)く、イタリア側に入るとおいしかったことだ。

ワインで言えば、極端に違う二つの生産地があった。レマン湖の東端シヨン城からはるか東のシンプロン峠まで、スイス領ローヌ河が溯って流れているが、この沿岸地帯が「ヴァレー」地区になる。ここがスイスの主要ワイン産地で、白は「ファンダン」、赤は「ドール」という愛称で呼ばれるワインを出す。ジュネーヴのレストランあたりですすめられるのは、大体この手のワインで、そう驚くようなものではない。

ジュネーヴを湖岸西端に持つレマン湖では、北岸の南向き急斜面で、ブドウが栽培されている。ここが「ラ・コート」と「ラヴォー」と呼ばれる生産地区。もしジュネーヴに行く機会があったら、ぜひレマン湖を遊覧船で横断してみたらいい。波が陽光で煌めく湖岸からびっしりと植えられたブドウが、上に高く横に長く続く光景は、まさに絶景。景観も見事なら、ここで生まれるワインも見事なもので、中には極上の逸品もある。「ヴァレー」地区のものと違って安くはないし、量が少ないので、どこでも売っているわけではなく、探さないと手に入らない。

ブドウは、スイス人が鼻を高くする「シャスラ」種。このブドウはエジプトか中近東が原産地とみる説があるが、スイスかフランスが原産地とみるのが通説。現在、世界各国で広く栽培され、愛すべきワインを生んでいる。ただ一般には、そう誉められたものでもない。しかしフランスのサヴォワの「クレピー」と、スイスのこの「ラ・コート」ものになると、まさに逸品と言えるものを出す。ただそう離れていないこの両地区のワインだが、同じブドウを使っていながら全く違うワインになる。まさに、ここでも「国と人が違えば、ワインも違う」のである。

スイスは食べ物がうまくないと言ったが、もちろん例外はある。チーズの王国、スイスに行ったら、「チーズ・フォンデュ」を食べなくちゃ。

チーズをワインで溶かし、ぐらぐら煮えたぎっている鍋に、四角に切ったパンを棒にさして浸し、ふうふう吹きながら食べる。素朴な家庭料理だが、バカにしてはいけない。名物にもうまいものがあるんだ。日本で、この本物が食べたかったら、西麻布の交差点の近くに、中上スミ子マダムが経営している日本最古のスイス料理店「スイス・シャレー」がある。意外なことに、この料理にはブルゴーニュの赤ワインが合うんだ。

ジュネーヴは、国際会議都市。長期滞在者のためのミニ厨房つきのホテルもある。日本の公務員組合が、政府の権利侵害をＩＬＯ（国際労働機関）に提訴したことがあり、僕もオブザーバーとして、何回か会議に出た。ある年、会議が長びき、先行組が一週間近く釘づけになっていたので、応援に行った。定めし食べ物で弱っているだろうと考え、日本食をしこたまトランクに詰めこんだ。お米を買えるのはわかっていたから、味噌汁、梅干し、昆布煮、沢庵、佃煮、福神漬……。みんながオドロキ、ヨロコブ顔を思い浮かべながらジュネーヴ空港に着いたら、税関で引っかかった。わけのわからないものをしこたま持っているというわけで、検査室らしきところに連行された。

特にあやしまれたのがお茶。煎茶、番茶、昆布茶が麻薬と疑われたんだ。「ジャパニーズ・ティー！」と説明したが顔をしかめて匂いを嗅いだり、嚙（かじ）ってみたり。紅茶しか知らないスイス人にわかるはずがない。天の助けか、たまたま日本のことを知っている職員が部屋に来て、無事釈放。迎えに来ていた友人達は、僕がどこかに拉致されたのではないかと青くなっていた。

さて、ホテル。街中の食料品店でお米を買い、厨房備え付けの鍋で炊き、味噌汁も作った。すると血相を変えて、メイドとボーイが飛んできた。鍋を指さしてなにやら叫んでいる。そのうち支配人までやって来た。われわれ日本人だと、台所で働くおふくろを想い出させるあの味噌汁の香りが、この国の人には異邦人が魔術の如くひねり出す、世にも奇妙な異臭だったんだろう。

アメリカのイミテーション・シャブリ

アメリカは今でこそワインでも鼻が高いが、かつてはワイン後進国だった。カリフォルニアにしても、その昔メキシコから北上して来たスペインの宣教師が、ブドウを植えたのが始まりで、ミッション・グレープと呼んでいた。事態が激変したのは、黄金狂時代(ゴールド・ラッシュ)。金目当てでひと山当てようと、男達が世界中から集まった。それにともない、ワイン産業が急成長した。しかし、働く人達の待遇はひどかった。それを描いたのが、有名なジョン・スタインベックの『怒りの葡萄』。そのワイン産業に激変をもたらしたのが禁酒法である。

映画『アンタッチャブル』で見るように、密輸入酒がシカゴではギャングの資金源になった。「バスタブ・ジン」と言われるおぞましい密造酒も横行したし、もぐり酒場(スピーク・イージー)も到るところにあった。意外なようだが、禁酒法の廃止を選挙運動の柱として当選したのが、フランクリン・ルーズベルト大統領。産業復興がスローガンだった。人がお酒なしに生きられるはずがない。アメリカでは禁酒法のおかげで、かえって酒飲みが増えたというデータが残っている。

カリフォルニアも、禁酒法の廃止で息を吹き返した。しかし、その後遺症は後までいろいろと残った。面白いことに初期に流行したワインは、日本の「赤玉ポート」と同じような造りの甘口ワインだった。ニューヨークやその他の大都市のインテリ達が、バーボンをガブ飲みするより、ワインの方が「格好がいい」と飲み始めたのが、アメリカのワインブームの始まり。

僕が初めてカリフォルニアに行ったころ、ナパ・ヴァレーは「ウエンテ」とか「クリスチャン・ブラザーズ」のような大手が知られていたくらいで、ワインもお粗末なものだった。すぐ近くのサンフランシスコの市民でも、ナパ・ヴァレーを知らない人が多かった。そんなことだったから、無邪気と言えば無邪気で、辛口白ワインのことを「シャブリ」と呼び、甘口白ワインは「ソーターン」（ソーテルヌの米語読み）と総称して、すましていた。当時の漫画の中に、酒造りの親爺が「フランスにもシャブリというワインがあるそうだ」と話しているのがあったくらいである。

フランスの国立原産地統制協会（ＩＮＡＯ）から、日本の市場に進出しているアメリカ産イミテーション・シャブリとシャンパンを追放してくれという大仕事の依頼があった。言うまでもなく弁護士の仕事としてである。いろいろ考えた末、いきなり訴訟を起こすより、まず輸入業者の方々とお話をして、自発的に輸入をやめてもらおうと決めた。日本の業界として、ワインの原産地表示を尊重することが大切だと考えたからである。

右：禁酒法時代を描いた『アンタッチャブル』
DVD販売元：パラマウント ジャパン
左：禁酒法を廃止したルーズベルト大統領

輸入業者の方々に、一軒一軒お目にかかり、話をした。すぐわかってくださった方もいた。しかし「そんな話はフランスとアメリカの政府が話し合えばいいことで、なんで我々末端の業者をいじめるんだ」とか、「アメリカのシャブリを売るために、かなり宣伝費をかけている。商権なんだ。どうしてそれが駄目なんだ」と叱られたりした。外務省に話しても駄目。今われわれはアメリカとの貿易摩擦で頭が痛い、ワインというような小さなことで、困らせないでくれと逃げ腰。ソムリエ協会の会報に、記事を載せてくれないかと頼んでも、大切なお客様に迷惑をかけることは無理と、渋い顔だった。しかし根気よく説得を続ける中で、業界の風向きも変わり、原産地呼称の重要性を理解していただけるようになり、ただ一社を除いて、全ての日本の輸入業者がカリフォルニアのイミテーション・シャブリとシャンパンの輸入をやめてくれた。

その孤軍奮闘の流れを変えてくださったのが、カリフォルニアワインの日本での振興のための組織「ワイン インスティテュート オブ カリフォルニア」だった。日本人だけでなく米国人スタッフもワインに対する理解と世界的な視野を持っておられた。こういうところが、アメリカという国の良さなのだろう。長期展望して、正しくないものはやめる必要があると理解して、「シャブリ」と呼ぶより「ヴァラエタルワイン（ブドウの品種名をラベルに表示したワイン）」を普及させるよう方針を変えてくれた。

最後まで残った一社は、アメリカ最大のワインメーカーのガロ社だった。日本の輸入業者だった廣屋さんが輸入をやめると、ガロ・ジャパンという子会社を日本に作って、輸入を続けた。直接交渉をしても、けんもほろろ。いよいよこれは訴訟を起こさなければと決意して、通告。裁判所に訴状を提出する準備をした。訴状提出の一日前、ガロ社から日本での販売をやめるという連絡があった。十年がかりだったが、日本市場からイミテーションものを追放できる結果になった。

この運動に快く協力してくださった多くの方々に心から感謝をしている。そのお礼を言う機会がなかったので、ここに記すことでお礼を申し上げる。

パリスの審判

ギリシャ神話に「パリスの審判」という話がある。ゼウスが、三美神のうちだれが一番美しいかの決定を羊飼いのパリスにまかせる。三美神はパリスを買収しようとする。ヘーラーは権力と富を、アテーナは戦場の誉れと名声を、アフロディーテは一番美しい女性を与えると、パリスに約束する。パリスは迷わず、アフロディーテがくれるという美女を選んだ。偉いぞ！　それが、かのトロイア戦争の遠因になったという物語である。

パリのワインショップ「カーヴ・ド・ラ・マドレーヌ」で働き、後にこの店を買い取り、さらには「アカデミー・デュ・ヴァァン」を創設したスティーヴン・スパリュアという英国人がいる。彼は、カリフォルニアワインの品質が著しく向上しているのに、業界でそれが無視されているのを残念に思い、一策を思いついた。フランスはボルドーとブルゴーニュの名酒と、カリフォルニアのエース的ワインを並べて、ブラインドの唎き酒試飲会をするという企画である。いろいろ障害があったが、一九七六年五月二四日、それが実現することになった。審査員はフランスのワイン業界を代表する名だたる面々。幕を開ける前は、審査員を含め多くの関係者がカリフォルニア

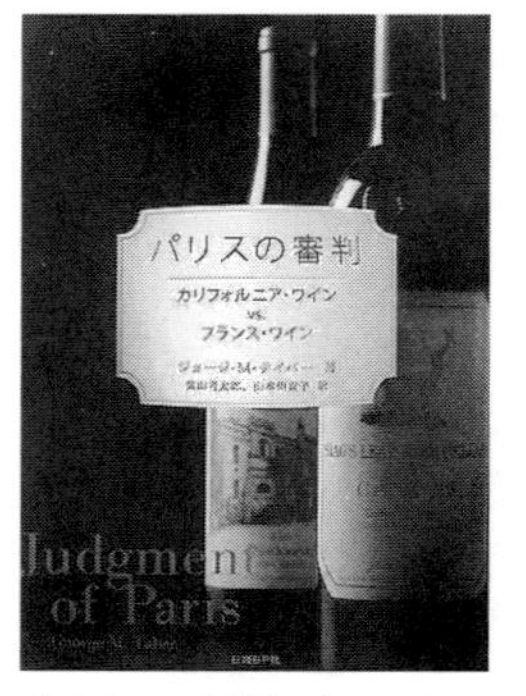

『パリスの審判』ジョージ・M・テイバー／葉山考太郎、山本侑貴子訳（日経BP社）

を小バカにして、勝負は決まり切っていると確信していた。

ところがである。蓋をあけてみると、なんとカリフォルニア勢は白の十本のうち三本が上位五本の中に入り、赤の十本のうち二本がこれも上位五本の中に入っていた。しかも白の一位は、「ムルソー・シャルム」や「バタール・モンラッシェ」を押さえて、カリフォルニアの「シャトー・モンテリーナ」。赤の一位も、「ムートン」や「オーブリオン」を押さえてカリフォルニアの「スタッグス・リープ」。フランス側が唖然としたのは言うまでもない。

当日、米国の『タイム』誌の特派員ジョージ・M・テイバーが会場にいて、取材をしていた。彼はその模様を、ギリシャ神話にちなんで「パリスの審判」と題して掲載。この大トピックは、その日のうちに世界中を駆け巡った。フランスではひと騒動が起き、一位になった「シャトー・モンテリーナ」と「スタッグス・リープ」の電話は鳴りやまなくなった。

昔から唎き酒というのは、ワイン界では重要な仕事で、ことにボルドーではワインの仲買人（クルチエ）の重要な職務になっていた。パリでは、船で運ばれて来たワインのほとんどがセーヌ右岸のマレー地区に陸揚げされていたから、この地区は酒商の巣のようになっていた。そこでワイン識別のエキスパートをソムリエと呼んだのが、現在の「ソムリエ」の発祥である。

ワインの出生を当てるというのは簡単のようだが、実際は難しい。なにしろワインは多種多様、年と所が変わればワインも変わるし、造り手によっても変わる。私の知っているブルゴーニュの仲買人は、ブルゴーニュでも北部のコート・ド・ニュイ地区を専門にしており、どこのドメーヌのどの樽がいいかということまで精通していたが、この地区以外になると全然知らない、いや知ろうともしない。ましてボルドーなんかは、まっぴらご免ということになる。

ワインミステリーの走りは、ロアルド・ダールの「味」（邦題『あなたに似た人』ハヤカワ・ミステリ文庫）。自称ワイン通の男とワインフリークになり始めた男が、あるワインが当てられるかどうか、それぞれ娘と別荘を賭けるが、自称ワイン通が見事に当てる。ところが、意外なインチキがあったというスリリングなお話。ワインをあびるような人生を送り、名著『イン・プレイズ・オブ・ワイン』（邦題『わいん』英宝社）を書いたアレック・ウォーですら、シャンベルタンの一九四五年ものをグラスに注がれて、これが何だか当ててみろと言われたとき「これはブルゴーニュですな、とても良いワインですが、ちょっと古いもののように思われます」と答えられれば、上出来だと告白しているくらいである。

ヨーロッパ人は滅多にやらないが、アメリカが震源地になった「ブラインド・テイスティング」は日本でもよくやるようになった。いろいろな考えがあるが、僕は好きではない。多くのワインがグラスで並べられ、それをちょっと嗅いで、ひと口含んだだけでテキパキとその出所や良否を当てていく「唎き酒テスト」が、よく行われている。素人でこれをやろうとする人も多い。しかし、やめた方がいい。これはプロの分野の仕事で、プロなら出来るし、いやプロは出来なくてはいけない。

僕はいろいろな事情から、それこそ世界各地のワイン生産地を巡り、数多くの生産者のところで唎き酒をしてきた。いや、させられてきた。しかし、それはあくまでも消費者・愛好家の立場としてであって、プロとは一線を画している。大塚謙一博士から、外国ばかりでなく、日本のワインもやれよと命じられて『日本のワイン』（早川書房）を書いた。そのために、日本中のワイナリーを回った。弁護士というのは、事実を自分の目で見ないとものが言えない人種なのだ。ところが「山本さんは唎き酒もしないで、うちのワインのことを書いた」と悪口を言われたことがある。これは誤解で、ワイナリーの現場では唎き酒はしていないが、後でやっている。

まず、そこのワインで高いものと安いものと、二本のワインを買う。タダ酒だと懐の痛みがわからない。つまり、そのワインが値段に見合ったものかどうかがわからない。それを持って帰って、少なくとも一週間か一ヵ月寝かせる。ワインは動かすのが禁物なのだ。そこで、四〜五人集まってもらって（一人はプロに入ってもらう）、一本の瓶を二時間くらいかけて、必ず二回つまり二グラス以上飲む。これをやらないかぎり、その良し悪しを言わないことにしている。僕はこうするのが素人（アマチュア）の唎き酒（テイスティング）だと信じている。素人にとってワインは楽しむためのもので、商売（ビジネス）の対象ではない。素人がプロの真似をしなくともよい。

さて、なんでこんなことを書いたかと言えば、問題は「パリスの審判」のその後である。この事件を知って愕然とし、驚いたのはフランスのワイン関係者だけではなかった。最も衝撃を受けたのは世界中、ことに新世界のワインの造り手達である。ボルドーの名だたる名酒は不可侵的、高貴な存在で、自分達の手の届かないものと思い込んできた生産者達が、カリフォルニアで出来るなら俺達にも出来るはずだと触発され、優れたワイン造りに取り組むようになった。その意味で「パリスの審判」は世界に影響を与えたワイン史上の大壮挙だった。

ただその後がまた面白い。ボルドーの名シャトーはこの教訓を自戒し、ぬるま湯的地位に安住するのをやめて、ワインの品質向上により励むようになった。その結果、ボルドーの名シャトーの地位は揺らぐことなく、栄光の座を維持している。前述したが、最近中国の新興成金がボルドーの一流シャトーものを買いあさり、値段がウナギ登りになったのは、はた迷惑だが……。

反面、これだけの大成功を収めながら、カリフォルニアの銘醸蔵はボルドーほどは、世界中を雄飛するようになっていない。もちろん、優れたワインが数多く生まれるようになったし、それらはそれぞれ実に立派なのだ。というより、現在世界のワインは、旧世界はフランス（それとイタリア）、新世界はカリフォルニアがリーダーになって、他の生産国に影響を与えるようになった大きな流れは客観的に事実なのだ。ただ高いカリフォルニアワインを買う人はアメリカ国内に止まり、世界中の愛飲家が競って買うというようにはまだなっていない。

現在、日本のワイン市場で、アメリカから輸入されるワインは激増しているが、そのほとんどは千二百円以下の低価格帯のものである。カリフォルニアの高いワインを買うのはごく特殊な事情にある人達が多い。これからは変わるだろうが、これもワインの難しさであり、伝統というものの重みなのだろう。

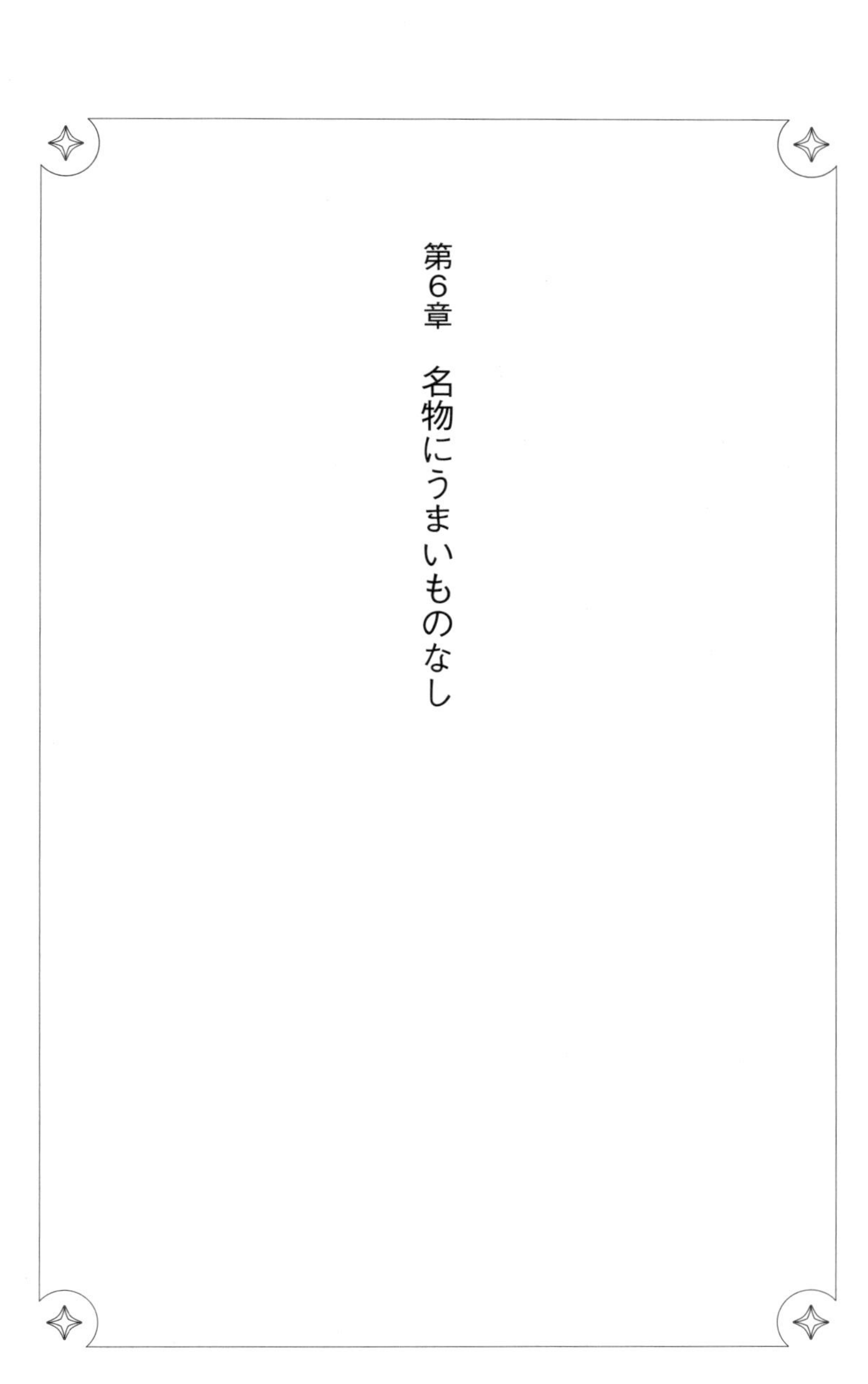

第6章　名物にうまいものなし

この章について

ヒュー・ジョンソンの『ワールド・アトラス・オブ・ワイン』が第六版で、全く新しい本になったと言われるほど、全面的に改訂されたことについてはすでに述べた。となると、ワインの友である料理の方はどうだろうか？

交通手段が激変し、世界各地の生活様式も変わった。食生活は本来保守的なもので、そう急に変わるものではないが、それでも変革の波は、押し寄せている。今やグローバリゼーションから自由でいることが、許されない時代なのである。

食についての出版物は激増し、テレビによって世界の美食を居ながらにして知ることが出来る時代になった。たとえば美食の王、トリュフやフォアグラに、日本人はどう立ち向かったらいいのか？　自分の舌で虚心に味わうことなしに、美食の王だからと、盲信するのはおかしなことだろう。

日本人は魚食民族だ。美食の王国フランスでは、魚をどう扱っているのか？　僕は強い関心を持ってきた。日本料理とフランス料理。魚に対する取り組みはどう違い、その結果

フランスで驚かされるのは「海の幸」料理。その貝の種類の多さには脱帽

はどういうかたちで現れるのか？　そしてこれから、どう変わっていくのか？

東西古今、さまざまな文化が押し寄せ、その応援に暇（いとま）のなかった島国日本。大陸から流れこんできた文化を換骨奪胎し、自家薬籠中のものにし続けてきた日本民族。その一方、日本料理はフランスのヌーベルキュイジーヌに強い影響を与え、今や寿司は世界中でもてはやされる存在になった。僕はワインに劣らないぐらい、食にも興味を持ってきた。そして、各地の名物料理の原点を探り歩いた。戦前に幼少期を過ごした者がやる仕事ではないのではないか、と疑いつつだが。

この章に登場するお酒と人と料理など

芥川也寸志さん
ラ・ターシュ
マダム・ルロワ
ジビエ（狩猟肉）
ラングドック
ミネルヴォワ
コルビエール
子羊の丸焼き
ウナギのシチュー
八つ目ウナギ
フォアグラ
高見山関
カオール
マルベック
黒ワイン
ゲヴュルツトラミネール
トリュフ
ヴァン・ジョーヌ（黄ワイン）
カシス
ブイヤベース
サンセール
リアス・バイシャス
スパニッシュ・オムレツ

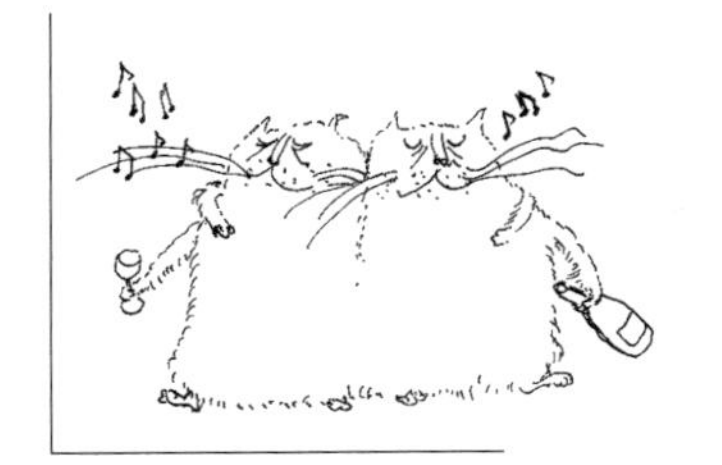

芥川さんとブルゴーニュ

専売公社（現・日本たばこ産業）がスポンサーになって、ブルゴーニュワインをテーマにした番組を作ったことがある。番組の案内役は作曲家の芥川也寸志さんで、そのお供として僕に白羽の矢が立った。

気難しい人だと聞いていたが、仕事を離れると実に愉快な人だった。そして、物事についての着眼点がやはり芸術家だった。ブルゴーニュの中心都市ボーヌでは、町はずれの「ジェントル・オム」がホテルだった。二日目の朝早く、芥川さんが僕を呼びに来て、自分の部屋に来いと言う。小さな部屋で、壁の色はベージュ、ベッドカバーは濃い焦げ茶色（ダーク・ブラウン）。これを見たまえと指された先を見ると、ベッドの上に枯れ葉が一枚。芥川さん曰く、

「一昨夜もここに枯れ葉があったので、掃除し忘れたのかと思った。ところが、昨日の夜にまたあるんだ。それで気がついた。飾りにわざと置いたんだ。部屋の色と絶妙に合う。さすがフランス。こんな安ホテルでも芸術的センスとエスプリがある。日本のワビ、サビに通じるね」

若き日の芥川さんとジョルジュ・ブラン。
ヴォナの「シェ・ラ・メール・ブラン」にて

マコンから東に行ったヴォナの村の「シェ・ラ・メール・ブラン（現・ジョルジュ・ブラン）」に行ったとき、芥川さんは応接間のソファに何気なく置いたエルメスの鞄をしげしげと眺め、「あっ、この鞄はこういう室内調度とぴったり合うようにデザインされているんだね。東京では合わないわけだ」と感心していた。

こちらはこちらで、そういうことに気がつくのが感受性というものだと感心した。

ここの魚料理も悪くなかったが、カエルが絶品だった。股（もも）のところを軽くバター炒めしたものだが、鳥とは全く違うソフトで軽い口当たり、淡白とも言える身をバターで包んで、見事に引き立てていた。「これがねえ、あのカエルなのかねえ……」。日本料理と全く別の味覚の世界だと、二人で顔を見合わせて、味のカルチャーショックに時間を忘れた。このカエルに、地酒の「マコン」がすごくよく合った。安物とバカにしていたこのワインを、このとき見直した。ワインも場所と飲み方で、変身するのだ。

ロマネ・コンティ社を訪ねたとき、僕がついうっかり、「ロマ・コンよりラ・ターシュが好きだ」と言ったものだから、マダム・ルロワの逆鱗（げきりん）に触れた。

「バカなことを言いなさんな。ラ・ターシュはシャガールで、ロマネ・コンティはピカソです！」

そばで芥川さんは笑いをこらえていた。

ジビエ（狩猟肉）の中で雉（きじ）のおいしさがわかったのも、この旅行のときだった。世界的に有名な作曲家が来るというので、ディジョン市の商工会議所のお偉方が小宴会を開いてくれた。場所はディジョン市の名レストラン「三羽の雉（トロワ・フェザン）」。今と違ってそのころは、日本ではジビエは滅多に食べられなかったから、機会さえあれば見逃さないようにしていた。牛肉中心の日本のフランス料理とは違う、味覚の別世界。お醤油ベースの焼き鳥一本やりの日本と違って、フランス料理におけるソースというものが、どのような意味を持つのかを実感させられた。そうした中で雉はやはり野鳥の王者と呼ばれるだけあって、別格だった。

その宴席で次々と出てくるワインの名前を僕が当てると、日本人でもそんなことが出来るのかと、皆が感心してくれた。実は宴席に着く前に、抜栓して並べてあった瓶を遠目に見ておいてカンニングしたんだ。

宴会が盛り上がり、ワイワイガヤガヤひと騒ぎ、さすがはフランス、英国人のようにお行儀よく静かにしていない。いろんな話が渦巻いた中で、たまたま一人のフランス人が芥川さんに尋ねた。

「二つのW、つまりワインと女性と、汝はどちらが好きか？」

すると間髪を容れず、芥川さんは澄まし顔で答えた。

「もしワインとワイフのどちらかを選べと言われれば、ワイフを選びます。それがワインとウーマンのどちらかとなれば、文句なしにウーマンです」

ロマネ・コンティにて。右からマダム・ルロワ、芥川さん、１人おいて著者。右は褒めてマダムに叱られた「ラ・ターシュ」

気を利かした通訳が、大声でこの対話を紹介した。とたんに満座が大爆笑。シェフまで騒ぎに驚いて厨房から出て来た。われわれも、日本人だってエスプリがわかるんだと面目をほどこした。ただ、この話をある雑誌に書いたら、芥川夫人のお目にとまって、きっちりお叱りを受けた。

庭で料理、子羊の丸焼き

同じフランスでも、北と南ではワインも違う。マルセイユで地中海に注ぐローヌ河。リヨンからの下流、つまり南は、フランスワインの中でも赤ワインの天国。この大河の西側がラングドック地方。「ミディ」の愛称で親しまれる赤ワインの一大産地だ。ことにフランス人が日常ワインとして飲んでいた安ワインが、アルジェリアの独立で入らなくなると、ラングドックの量産・安ワイン造りに拍車がかかった。そんなことで、ラングドックは敬遠していた。

しかしいろいろ考えて、飲まず嫌いはいかんと、勇気を奮って行ってみた。ひと口にラングドックと言っても、海側と山麓地帯では気候・風土が違う。「ミネルヴォワ」という可愛い名前の地区などは、風景も異色で素晴らしく、ワインも実にいい。そして、言うまでもなく安い。ラングドック西端の「コルビエール」は、そう高くない山と丘の世界。昔の名残の古城が丘の上にあったり、うねり流れる渓流があったり、風景は変化に富んでいる。そのところどころにブドウ畑がある。なるほどこれなら、ひと癖やふた癖あるワインが生まれても不思議はない。

ある事情から、銀座の輸入商社、三美の田口さんがこの地方のワインを輸入することになり、一緒に現地を訪ねた。

ワイナリー（といっても農家然としたたたずまい）にたどり着くと、庭に村人が大勢集まっている。僕達の歓迎に集まってくれたのかと思いきや、お目当ては遠来の客のために特別に用意された子羊の丸焼き。草を食べ始めた子羊を、ハーブの生えている牧場でしばらく育てたんだ。

庭の裏手に回ると男が三人働いていた。一人はブドウの古株を燃やして熾（おき）を作る。もう一人は子羊に刺した鉄棒をぐるぐる回す。残りの一人は塩水に浸した布きれを、火あぶりの子羊にぺたぺたと当てて味をつけていく。朝五時から始めたんだそうだ。これならうまくないわけがない。だから客の残りをいただこうと、集落中の人が集まってきたんだ。

一番おいしいところはまず客と、真っ先に皮つきの焼きたてをいただく。ワインは、もちろん輸入が決まった「シセロン」。グルナッシュ、シラー、サンソーなどの品種で造った地酒だ。もちろん、名酒ともてはやされるようなものではないが、ふくよかな果実味としなやかなタンニンが、野性味を帯びている。それが子羊の野火焼きにぴったり。

目を見張ったのは、添え物に出された真っ白な粟粒状の大盛り。正体がわからない。小粒でも皮が堅い。粟がこんなに白く精製できるはずがない。首をひねった。帰ってから調べてみると「クスクス」だった。原料はなあんだ、小麦粉なんだ。知らなかったといってクスクス笑わないでもらいたい。僕は初めてだった。ピレネー山脈の向こうは、もうスペインなのである。

庭の裏手に回ると男たちが子羊を焼いていた。そのご馳走目当てに集落中の人が集まってきた

子羊を食べる原罪意識

一九六九年、フランスに初めて行ったときは、日本の酒類業界視察団の一員としてだったから、各地で歓迎レセプションがあった。ほとんどがセミフォーマルの饗宴で、しかも当時は必ずと言っていいほどお昼だった。地元のお偉方の長いスピーチがあり、アペリティフから始まって、食後のブランデーがつくと、どうしたって午後三時、四時過ぎまでかかる。夏は午後八時頃まで明るいが、酔っぱらってしまっているので、午後は仕事にならないのに閉口した。それとフランス人の食事に付き合うには、体力と強靱な胃袋が必要だということがわかった。

フランスをぐるりと一周したのだから、出される料理はさまざまで、地方色豊かだった。しばらくして気がついたのは、メインディッシュがほとんど子羊料理だということである。牛肉料理は滅多にお目にかかれなかった。当時の日本では、大切な宴会といえば、まず牛肉だったし、羊肉は臭いとか固いとかと、小バカにされていた。初めはとまどったものの、どうやら正餐には子羊ということがなんとなくわかってきた。羊と言っても、大きくなったものではなく、生まれて一年くらいまでの子羊。まだ乳飲み子か、乳離れしてもわずかな月日しかたっていないものでなければならない。その極めつきというのに出会ったのは、ボルドーだった。

ボルドーに行ったある日のこと、昼食をどうしようかと考えていた。ボルドーでもシャトーが集まっているメドック地区では、今と違ってまともなレストランがなかった。ポイヤックの海岸通りに観光客向けのお粗末な店が、二～三軒あるだけだった。ボルドー市内に戻るのは時間がもったいないと迷っていたとき、「シャトー・マルゴー」から、そう離れていないアルサン村の銘酒街道沿いに、それらしき店があった。

名前は「リヨン・ドール（Lion D'or＝金獅子亭）」。ちょっと変わった店構え。渡りに船と入ってみると、レセプションルームにビリヤード台が鎮座していて、バーカウンターまであった。あれ？　いわゆるフランスのカフェなのかと戸惑っていると、マダムが出て来て食事が出来ると言う。奥に食堂らしき部屋があり、両壁の棚に見たこともない瓶がびっしりと並んでいる。尋ねてみたら、周辺の酒造り屋の親爺連中が自分のワインを持ち込んで食事をする、たまり場になっているらしい。

あまり期待をしていなかったが、とにかくお腹がへっていたので、メニューにあった子羊のグリエを注文した。出てきたものをひと口食べて、いや驚いた。すでに子羊はかなり食べてきたつもりだったが、火入れのこんなに見事なものには今まで出会ったことがない。それ以来、メドックに行くたびに、この店に行くことになった。だんだんわかってきたことだが、「シャトー・ラフィット」や「シャトー・ラトゥール」のあるポイヤック村は、子羊でも有名なのだ。しかもこ

レストラン「金獅子亭」。子羊のグリエが絶品。実はボルドーのこの辺りは子羊の名産地なのだ

の店の親爺は、グリエの名人なんだそうだ。地元の連中は、ここの子羊はフランス一だと威張っていた。そのうち、ミシュランにも載るようになった（親爺は嫌がったそうだ）。今では、店も広くなり、小ぎれいになって、地元以外の客が多くなっている。

ある年、『ワイン王国』の原田社長と一緒にボルドーへ行ったとき、何も言わないでこの店にお連れした。「これほどおいしい子羊を食べたのは、今日が初めて」というのが原田さんの感想。なお、この店は他所では飲めないような地酒的ワインが飲める。それがまた悪くない。

近頃は、日本でもフランス料理店に行くと、まずは子羊。子羊がないときは鳥（鶏ではない）、あれば野鳥獣を頼む。子羊もよいものが入るようになったし、料理人の腕がわかる。牛肉もそうだが、子羊のグリエは火入れ次第で味が全く変わるからだ。食通の友人に、焼いた肉というと火があまり入っていない、芯が生っぽい「レア」しか頼まない人がいる。僕はあんまりそうした注文の仕方はしないで、普通に「ミディアム」を頼むようにしている。そもそも人類が生肉を食べなくなったのは、焼いた肉がおいしかったからなんだ。子羊のグリエの良い点のもう一つは、シェフのソースの自慢話を聞かなくてすむことだ。また、たいていの赤ワインは、これによく合うし、肉自身の本当のおいしさもわかる。濃いソースつきの牛肉料理のように、ワインが料理に負けるということがない。

長年子羊料理を食べてきて、心が痛むことが一つある。あの乳離れするかしないかのあんなに可愛い子羊ちゃんを、食べてしまうのは申し訳ないという原罪意識である。ついこの間、僕のデジカメのお師匠、森枝卓士（たかし）さんがモンゴルに行ったと聞いて、早速体験談を聞いた。羊乳から造ったお酒のことを知りたかったからだ。話が当然羊のことになって、全く気がつきもしなかったことを教わった。

モンゴルで飼っている羊は、雌と雄の割合が十対一くらいだそうな。雌は乳が搾れるし、子供を産んで増やしてくれる。毛が刈れる点では雌雄変わらない。草地が少ないモンゴルでは、どうせ飼うなら雌がいい。草草ばかり食べて役に立たない雄は、種づけに必要なだけいれば十分。だから、雌十匹に雄一匹いれば用は足りる。となると、雄はみんな子羊のうちに食べてしまうんだと。うーん、そうか、なるほど。フランスもそうなんだろう。

罪の意識は少しやわらいだが、あの可愛い姿を想い出すと、やっぱり心は痛む。しかしチグリス・ユーフラテス時代以来、人類はワインと一緒に羊を食べ続けてきたではないかと、言い訳して食べ続けている。

上：２人がかりで羊を解体する
下：焼き石で蒸し焼きにした羊肉料理。手前はウオッカ。モンゴルにて（撮影：森枝卓士）

ウナギのシチュー

中世フランス社会の風俗について書いた本を読むと（例えば『ふらんすデカメロン』）、しばしば目につくのがお坊さんの艶話。そして決まってといっていいくらいに出てくるのが、色事の前にウナギを食べるということ。ウナギが精力剤になるという迷信がその背景にあるようだし、その地方の河川で、ウナギがよくとれたのだろう。日本でウナギといえば、蒲焼きに決まっているが、そんな料理法はヨーロッパにはない。日本では醬油という特殊な調味料があったから、蒲焼きという特有の料理が生まれた。北欧に行くとウナギの干物をよく見かけるが、フランスでウナギと言えば煮物で、それもワイン煮である。「マトロート」と呼ぶこの手のウナギのシチューは、赤ワイン煮が主流。白ワインの産地では白も使う。ぶつ切りにしたウナギで、焦がした玉ねぎとシャンピニオン（マッシュルーム）が入っていて、つなぎはバターソース。そしてたっぷりの香草。半月形のおせんべいのようなものと、ザリガニがお伴についてくることもある。

各地方それぞれに名物ウナギ料理があり、手当たり次第食べてきたが、どうもあまりいただけない。蒲焼きにこちらの舌がスポイルされていて、公平に味わえないのかもしれない。いや、やはり蒲焼きはおいしくて、ご飯がその助っ人になっている。フランスのマトロートをなんとか引き立ててみようと、いろんなワインを合わせてみたが、どうも合わない。シチューに使ったワインを飲むのがいいのだろうが、使っているのは大体安い地酒だ。他の良いワインを飲むと、ヤキモチを焼くのかもしれない。

ワインとの関係でよく知られているのは、ボルドーの「ランプロワ・ア・ラ・ボルドレーズ」。ただしこれはウナギと呼ばれているが、ウナギではなくて八つ目ウナギ。全く別物で、日本では滅多にお目にかかれない。浅草に行くと明治期創業の八つ目ウナギ専門の料理店と薬屋がある。八つ目ウナギは目に効くということになっているが、目が多いからかな。しかし、八つ目と言っても、一対の目以外は実は「えら」で、あとは目じゃないんだ。普通のウナギ自体も美しいと言える姿ではないが、八つ目の方は醜悪獰猛（どうもう）な顔つき。どう見てもおいしそうには見えない。

ボルドーへ行ってジロンド河畔に出ると、河べりに大きな網を張った竿が立っている。これを夜、河底に沈めておいて、朝あげると八つ目が捕虜になっているんだそうだ。とにかく「ランプロワ」は、ボルドー名物になっている。何回か食べてみたが、名物にうまいものなし。珍しいということを抜きにすれば、あまりいただけるものではなかった。まして高貴なボルドーの赤ワイ

上：フランスのウナギ料理の代表「マトロート」の材料　下：ボルドー名物「ランプロワ」は八つ目ウナギで作る

ンにはとても合いそうにない。

ウナギというのはいろんな点で不思議な魚だ。今日の我々はその生まれ故郷を知っているが、ギリシャの昔からその出生は謎になっていた。アリストテレスは泥から生まれると述べている。馬の尾っぽの毛から生まれるという珍説もあり、博物学者プリニウスは、皮を岩にこすりつけて増殖すると、見たような嘘を書いている。別名、海のウナギとも呼ばれる穴子の方は「コングル」で、こちらはおいしいのに何度か出会った。ところがウナギの方はそんなことがないので、口惜しいから『ラ・ルース百科事典』で調べてみたら、なんと五十もの調理法(レシピ)が書いてあった。「アンギーユ・オー・ヴェール」といううまそうなのもあるので、知り合いのフランス人シェフにこれを見せて、食べさせてくれないかと頼んだら、渋い顔をして首を横に振られた。

ウナギは、ベルギーやオランダを始め北欧ではかなり食べられているようだ。魚市場では燻製のウナギが山積みになっている。これも残念ながら、僕の行ったレストランではメニューに載っていなかった。イタリアには、クリスマスにウナギを食べる地方があるそうだ。だが、その地方にはまだ行っていないし、他の地方のレストランではお目にかかれなかった。

同じウナギでも稚魚(シラスウナギ)になると話は別。日本でも海岸の渚に寄ってくる稚魚がとれるところもあるし、大量の稚魚が輸入されている。ある店で「これを食べさせてくれないか」と頼んだら、「もったいない、あれは食べるものではなくて養殖してから蒲焼きにするものです」と叱られた。

フォアグラの真打ち

フォアグラなるもの、フランス料理の門をくぐったら、一度は対決しなければならない代物だ。日本では缶詰でしかお目にかかれなかった時代、なぜフランス人がこんなものに心を奪われるのかわからなかった。

そもそも「肥満した肝臓（グラ フォア）」なるもの、鵞鳥を股にはさんで押さえこみ、大きな漏斗（じょうご）を口につっこんで無理やり餌（今はトウモロコシ）を飲みこませて太らせる。「強制人工肝肥大」なんで、残酷だと動物愛護団体などが廃止のキャンペーンをしたこともある。いったい誰が、こんなけったいなことを思いついたのかと調べてみたら、古代エジプトでもローマ時代にも、もうやっていた。人間の食い意地は、理性を失わせるんだ。

今では、日本のフランス料理界のドン的存在になった井上旭（のぼる）シェフが、まだ自分の店を持たず京橋のレストラン「ドゥ・ロアンヌ」で働いていた時代、変わった腕利きのシェフが現れたとの噂を聞いて出かけてみた。確かに、本物のフランス料理を作れる腕を持った男だということがわかった。そこで、また来るから、そのときに本物のフォアグラ料理を食べさせてくれと頼んだ。返事は「古いポートがないと駄目です！」。この生意気野郎と思って探したが、売っているところがない。結局、錦糸町の中川一三さんのお世話になってやっと手に入れて、ポートを届けた。

中川さんはすごい名酒のコレクターで、ワインがわかる人に飲ませるのが趣味という有り難いお方。僕も、大相撲の千秋楽の「ヒョーショージョー」で有名だったパン・アメリカン航空のデビッド・ジョーンズさんと兼高かおるさん、高見山関の三人と一緒にご馳走になったことがある。ポートを届けたときの井上シェフの顔は、今でも思い出す。驚きというより、ほしい物が手に入った喜悦の顔。以後、井上シェフとの長い交際が始まることになった。

缶詰のフォアグラにはそう感激しなかったし、ことにその真ん中にお飾りのように鎮座しているトリュフなるものは、僕の舌にとって得体の知れないものだった。正真のフォアグラ料理を食べたくて、パリの有名レストランの何軒かで注文した。記憶に残っているかぎりでは、たしか「タイユヴァン」のが一番良かった。ただどうしても、夢に描いたフォアグラとは違う。調べてみると、フォアグラには最上級から四級までのランクがあり、『エンサイクロペディ・ド・ラ・ガストロノミー・フランセーズ』という料理事典によると、ナテュレル・アンテイユを始めとして九種類の調理法があるという。

ある年、ラスコーの洞窟壁画を見たくなり、また「黒ワイン（ヴァン・ド・ノワール）」も飲みたくて、カオールに行

左から大相撲の高見山関、１人おいて旅行作家の兼高かおるさん、パンナムのデビッド・ジョーンズさん、そして著者。中川ワインセラーにて

った。そのときに、ペリゴール地方を通った。カオールというのは、大西洋に注ぐガロンヌ河の支流ロット河沿いの、かなり内陸の土地である。ここのワインはその色の濃さと長寿で、中世から有名だった。今は、ほとんどが現代的スタイルの飲みやすいものになっているが、伝統的な濃厚なワインを守り続けている造り手も残っている。

ちょっと専門的な話になるが、ここで使っているブドウはマルベック種。以前は、ボルドーの主要品種だった時代もあったが、今ではフランスで栽培しているのはここだけ（面白いことに、この品種が現在南米アルゼンチンで大成功している）。色がフランスで一番濃かったので「黒ワイン」の愛称がついたわけだが、その昔珍重されたワインの一つの典型として飲んでみると、なかなか面白い。洗練さこそ欠けるが、四十年、五十年ものでも、したたかに生き長らえていた。

ペリゴールはフォアグラの故郷だったから、有名なルージエ社の工場を見学させてもらった。缶詰が生のものと違うのはよくわかったが、生のフォアグラを料理したものがどんな味なのか、どうもここでもよくわからなかった。

数年後、ワインが飲みたくてアルザスに行ったとき、そのころ評判になりだしていたレストラン「オーベルジュ・ド・リル」に行った。アルザスという地方は、ドイツ領だった歴史がある。アルフォンス・ドーデの『月曜物語』の中の「最後の授業」は少年小説『クオレ』にも載っていて、子供心にもその悲劇に心を打たれたものだった。フランス領でありながら、町のたたずまいもドイツ風なところが残っている。ワインもここだけはドイツ品種で特異なものになっている。

日本で飲んだものはどうも好きになれなかったが、ここで飲んでみるとそう悪くない（今は全く変わっていて素晴らしいものがいくらでもある）。食事も名物「キッシュ・ロレーヌ」を除くとたいしたものがない。だから、この店も行く前まではそう期待していなかった。

ところが入ってみると、インテリアも野暮ったいところがなくシック。これならばと思って頼んだのが、名物フォアグラ料理。ひと口、口に入れた瞬間、絶妙な舌の逸楽ともいうべき小宇宙と出会った。まさに食のカルチャーショック。フランス美食の粋だった。合わせて飲んだ「ゲヴュルツトラミネール」も、ただうなるだけ。

右：フランスを代表するブランド「ルージエ」のフォアグラ
左：ルージエのあるペリゴールの町並み

トリュフの怪

フォアグラのお供といえばトリュフ。缶詰のフォアグラにはつきもの。日の丸弁当の梅干しのようにフォアグラの真ん中にちっちゃな塊が埋まっている。なんでこんなものを有り難がるのかわからなかった。

パリのカルチェ・ラタンにペリゴール地方の料理店があり、そこで炭火焼きのトリュフなるものにお目にかかった。確かに香りはなんとなく摩訶不思議で、セクシーとやらの伝説がわかる気がした。ところが食べてみると、トリュフそのものはボサボサした口当たりで味らしき味がない。日本通のあるフランス人にその話をしたら、「日本人は松茸の香りに涙を流して喜ぶが、俺達にとってはヘンテコな香りでしかない！」

志摩観光ホテルのレストランは、高橋忠之シェフが魚料理で名をあげ、行ってみる価値のある日本の３つ星という評判があった。その高橋シェフの料理をまとめたデラックス版『海の幸フランス料理』という本を、柴田書店が出した。柴田社長からもらった本を開いてみると、どんな料理にもトリュフの細切りが飾られている。後に高橋さんにお目にかかったときに尋ねた。

「いくらトリュフがいいと言っても、なにからなにまで全ての魚料理にトリュフを使うのはおか

パリのカルチェ・ラタンにあるレストラン「ロティスリー・ペリゴール」。ここでは炭火焼きのトリュフが食べられた

しいんじゃないですか？」

高橋さんも苦笑いして「私だってそう思うんですよ。ところが編集者とカメラマンがカラーページの引き立てにどうしても黒のシメが必要だと言うもんですから……」。

その後、いろんなところで、いろんな形のトリュフなるものにお目にかかる機会があった。フランスの黒トリュフだけでなく、イタリアの白トリュフも何回となく食べた。最近、日本で使われているトリュフのかなりのものが実はメイド・イン・チャイナだという、ある料理関係誌のスッパ抜き記事に驚かされたりもした。しかし、どうもトリュフ自体の味なるものの正体がよくわからない。ボルドーの食料品店で瓶詰の生トリュフを買って、日本に帰っていろいろいじりまわしたり、かじったりしたがわからない。

トリュフなるもの、古くは古代エジプト、古代ローマ時代から食べられていたそうだ。香草とともにワインか油に漬けておき、炭火で焼いて食べたそうな。中世では黒い色が悪魔を連想させるというので敬遠されたが、ルイ十四世のころに高級食材になった。一部の貴族しか知らなかったから、フランス革命のとき、テュイルリ宮殿を市民が荒らしまわったが、トリュフだけは手をつけなかったそうだ。

物好きで多分ひまだった科学者がトリュフを研究して、トリュフの成分の中にオス豚が交尾期

トリュフ料理２品。
上はトリュフの鶏肉包み。
下は同じくパイ皮包み

に分泌する性フェロモンと同じ物質が含まれていることをつきとめた。実はトリュフに催淫効果があることは、フランス人だけが知っている秘密なんだ。トリュフ好きというのには、邪心がある。地中に埋まっているトリュフを探して採るのにメス豚を使うのも、そんな理由だった（今では豚が嗅ぎつけると、人が掘り出す前にパクッとやるもんだから犬を使っている）。

その昔、講談社の隣にマダム井上光子さんが経営する小さなワインバー「メゾン・ド・ヴァン」があった。そこで講談社編集部の岩田玄二さんや料理評論家の山本益博さん達と時々集まって、調理の実地研究なるものをいろいろやっていた時代がある。あるとき、パリ帰りの益博さんが生トリュフをしこたま持って来て、和風に調理してみた。みんな面白がって食べたが、僕だけが一人渋い顔をしていた。それを見た益博さんが、

「三つ四つあげるから、僕の言うとおりに家でやってみなさい」

言われたとおり、ガラス容器の中にトリュフと生卵を入れ、冷蔵庫で四～五日寝かせる。その後でその卵を使ってオムレツを作る。数日たって取り出してみて驚いた。トリュフには全く匂いがなくなっていたが、卵で作ったオムレツの方は実においしい。まさに絶品。トリュフの香りとエッセンスが、卵の殻を通り抜けて黄身に浸透して味を変身させるんだ。確かにトリュフに魔力があることが、この実験でわかった。

トリュフを探すメス豚。トリュフにはオス豚が出すフェロモンと同じ成分が含まれていて、その鼻が役に立つ。今は犬を使う

焦げ目のない姿焼き

本業の弁護士の仕事で、スイスはジュネーヴの国際会議に何回か出た。ジュネーヴは牧歌的イメージのスイスにあって、他とは雰囲気が違う、国際色豊かな大都市である。レマン湖の景色は美しいし、街並みも堂々として風格のある建物が並んでいる。ただ、世界のヤミ預金を預かる銀行があるとか、外国人の居住制限が厳しいとかという部分もある。また、おいしい料理に滅多に出会わなかったし、ワインもごく一部の例外を除けば誉められないものが多かった。

レマン湖の西端は、東から流入したローヌ河が、フランスへ流れている。膨大な量の水が、堰をものすごい速さで流れる光景は尋常ではなく、名所になっている。そのそばにジュネーヴ名物のマス料理店があった。生きたマスを打って殺し、酢を注ぎかけ、酸を強くきかせたクールブイヨンの中で煮る「トリュイット・オ・ブルー」は名声が高い。ところが魚食民族の一員の僕の感想を言えば、とりたてて誉めるべきほどのものではなかった。

ある年、用があってジュネーヴからジュラのアルボワ経由で、大阪市立大学の本多淳亮（じゅんりょう）教授と早稲田大学の中山和久（かずひさ）教授の三人で、車でディジョンに向かった。途中、あまり知られていない町の一角に小さなレストランがあった。ちょうどお昼時だったので、あまり期待もしないで入った。表に目立つような飾りや看板もなく、一見仕舞屋風の店である。

中に入ると外見とは不相応な立派な応接間があり、そこで待たされた。どうもここは並の店ではないなと考えていると、店主兼シェフらしき男が持って来たメニューは、手書きの、それも一品だけのもの。マス料理のみ。それまで食べたフランスのマス料理なるもの、中でも「トリュイット・オ・アマンド」は地方の親爺のご自慢料理だが、サイズは二十センチそこそこ。アーモンドの薄切りをマスの身の上に並べて姿焼きにしたもので、地方料理の域を出ない。

この日は十人ほどしか入れない食堂に案内され、何のサービスもないままかなり待たされた。やっと出てきたのはマスのグリエ。サイズは三十センチ以上もある見事な姿焼きが、何の添え物もなしで大皿に盛ってある。ところがそのマスたるや、焼いたはずなのに生の姿そのままで、どこにも焦げ目がない。これで火が通っているのかと、疑念の目で眺めながら口にして、驚いた。隅々まできれいに火が通っている。こんな焼き魚は日本でも見たことがない。これに合わせたジュラ産の「ヴァン・ジョーヌ（黄ワイン）」がよかった。

こちらが不思議がっているのを見た主人が案内してくれた厨房には、大きな石をくりぬいた四角い浴槽のようなものがあった。その中には真っ黒な石がごろごろ。別の竈で薪を燃やして丸石を熱し、その石の反射熱で魚を焼いたのだ。これほど見事なマス料理には、その後も出会ったことがない。フランスは広いのだ。

フランスの地方のご自慢料理「トリュイット・オ・アマンド」。アーモンドの薄切りをマスの上に並べて姿焼きに

極めつきのブイヤベース

巌窟王こと『モンテ・クリスト伯』の舞台になったマルセイユの旧港の埠頭は、ヨーロッパに行くには船しかなかった時代、ここに着いた日本人は誰もが「ああヨーロッパに来た」と感激した。今はヨットハーバーになっていて、観光客で賑わっている。波止場にはとれたての魚を売る漁師やそのおかみさん達の屋台が並び、名物ブイヤベースを食べさせる店が軒を連ねている。日本人で訪れた人も少なくないはずだが「名物にうまいものなし」という思いをした人も多いはず。いいかげんなワインを飲まされた人もいるだろう。だけどそれをフランスだと思ってはいけない。

マルセイユの少し東に、Cassis（カシスともカシとも発音する）という漁港がある。ニースやカンヌを目指す場合、高速道路を使うのが普通のコースだが、不精をしないで海沿いの旧道を行くと、眺望が実に素晴らしい。すごい絶壁に運転をあやまった自動車が落っこちていたり、あれやこれやに気を取られながら小一時間もすると、カシスにたどり着く。かなり広い湾の片側がヨ

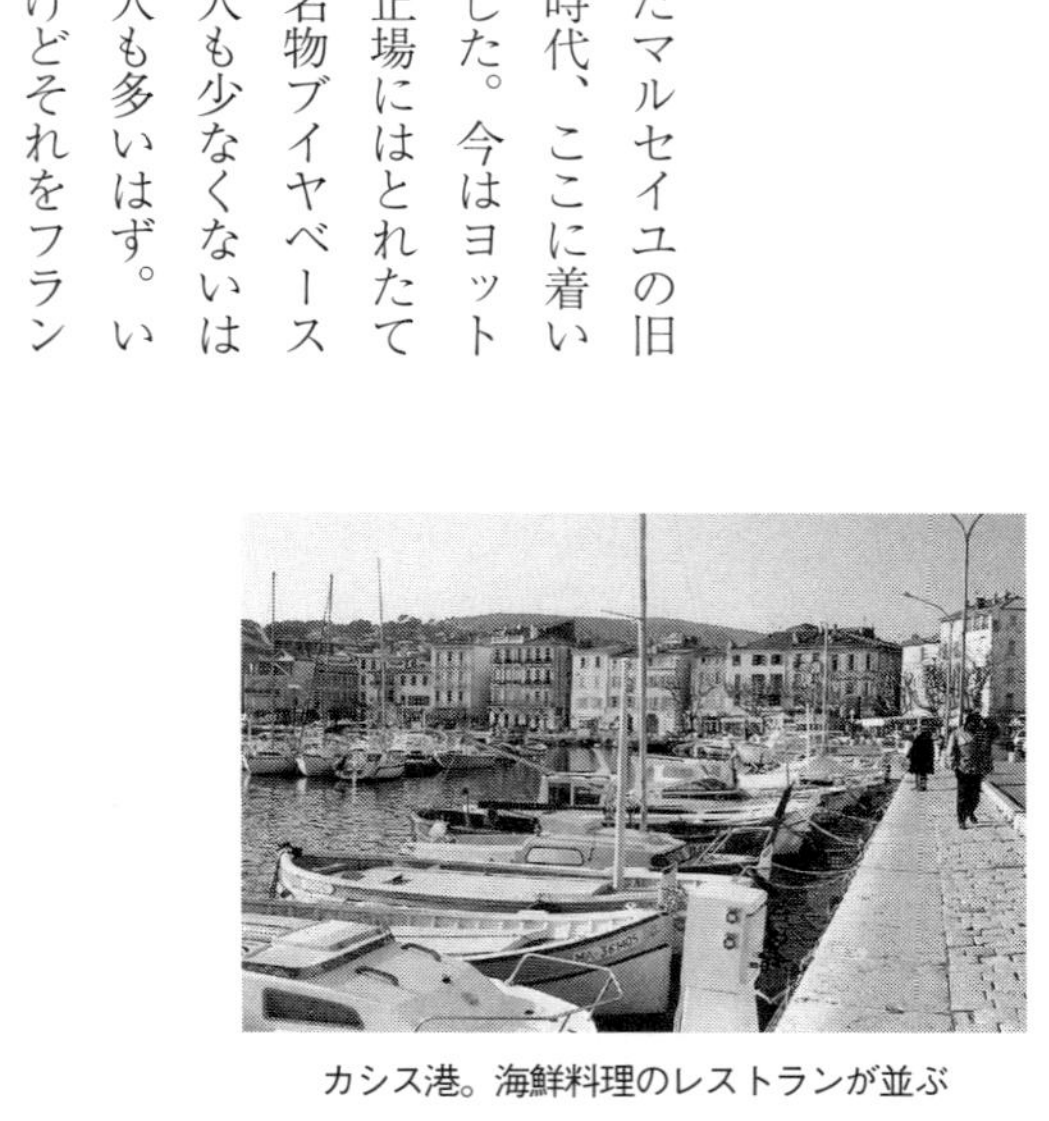

カシス港。海鮮料理のレストランが並ぶ

ットハーバーになっていて、レストランが並び、観光客というより行楽客も多い。海辺沿いの建物などもなんとなく小粋で陽気だ。マルセイユよりサントロペに似た雰囲気。湾の景色は見事なもので、対岸は巨大な絶壁のようにそそり立つカナイユ岬。その渚の奥に、海を潜って出入りしていた古代人の遺跡が発見されて、大騒ぎになった。

　ヨットハーバーのレストランは、どれも海鮮料理。良さそうな店を選べばスポイルされていないブイヤベースにありつける。ブイヤベースはもともと漁師の海辺料理だ。売り物にならない雑魚をかたっぱしから鍋に放り込み、味付けにサフランを入れて煮た下手物。しかしそれがまた、ここで食べると何とも言えないうまさ。ただ高級店で出すようなものではないんだろう。

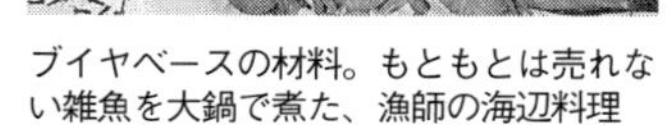

ブイヤベースの材料。もともとは売れない雑魚を大鍋で煮た、漁師の海辺料理

　実はこのカシスは、プロヴァンスきっての名酒を生む。プロヴァンスという地方はかなりのワイン生産地。マルセイユから西のラングドックは赤の量産地だが、東側のイタリア国境までのプロヴァンスは、もっぱらロゼを造る。プロヴァンスの人達は、ピーター・メイルがその小説に書いたように陽気な連中で、辛気臭いのが苦手。精魂込めて優れたワインを造ろうとは考えない。だからロゼと言ってもたいしたものはなく、ほとんどが観光客の渇いた喉を潤すか、自分達のガブ飲みワイン。

　そんな中で、カシスだけが白造りに精を出している。ところがどうしたことか、この辛口の白が悪くない。量は少ないが、山椒は小粒でもピリリ。畑が潮風に吹きさらされているからか、塩味こそ出ないがミネラル風味があり、酸の切れがいい。マルセイユのブイヤベース店で出しているような安物は大したことはないが、数ある生産者の中でとびきりのものを出すところが数軒ある。「ド・ラ・フェルム・ブランシュ」が大手だが（ソーヴィニヨン・ブランを使う）、古いフランスワインの再興をめざすパイオニア的存在の「シャトー・ド・フォンブランシュ」もあり、カナイユ岬の斜面に畑がある「クロ・サント・マグドレーヌ」は景色も壮大絶景だが、ワインも優美。行って見ざるべからず。

ヴィクトル・ユゴーの『レ・ミゼラブル』の中でジャン・バルジャンが腕力を発揮するツーロンのちょっと西にバンドールという小地区がある。ここのドメーヌ・オット社が出す変形瓶のロゼがあまりにも有名だったため、ここもロゼの産地と思われている。実はかなりの赤を出す。「シャトー・ド・ピバルノン」とか「ドメーヌ・タンピエ」などの腕利きの赤は出色。ただ、プロヴァンスきってのレストラン「ロアジス」に行ったとき、たまたまワインリストにあった「カシス」の赤を飲んで舌を巻いた。

「カシス」の名品「クロ・サント・マグドレーヌ」と、その畑。海鮮レストランが立ち並ぶカシス港はこの対岸にある

生兵法の生魚

昔は、フランス人は生魚と言うと怖じけをふるったものだったが、今はかなり変わった。パリに寿司屋が二十軒くらいあるそうだ。もっとも噂によると、ほとんどが韓国人経営とやら……。

ブルゴーニュのボーヌの近くの田舎で、おばさんが始めた小さなレストランが話題を呼んだことがある。正統派のフレンチではないが、洗練された家庭料理。何度か通って馴染みになった。あるとき、そのマダムというか、かなりのお婆様なのだが「あなた達のために魚の特別料理を作るわね」と、嬉しそうな顔。これは有り難いとこちらは胸をときめかした。現れたのはルージェの姿焼き。ルージェは日本語に訳すと「ひめじ」になるが、鯛を小ぶりにしたような赤い魚で、日本ではお目にかかったことはない。

魚と僕の顔を眺めながら、鼻の高そうなマダム。確かにきれいに焼き上がっている。こちらは胸をワクワク。箸ならぬフォークをつけた。え⁉　火が身の芯まで通ってない。身の中心、骨のまわりが生なのだ。目を白黒させたかどうかわからないが、マダムがジーッと見ているので、なんとか食べきろうとしたが、生のあたりは喉を通らない。芯を残して外側だけなんとか突っついて食べた。「おいしかった？」と尋ねられたので「ウィ！　トレビアン！」と答えてその場はお茶を濁した。あとで気がついたのだが、マダムとしては、日本人は生魚が好きだと聞いていたから、ステーキのレアと同じ要領でやったんだろう。こういうのを〝生兵法（なまびょうほう）〟と言うんだ。

「デュック」というレストランが、日本風を取り入れた料理を始めてパリジャンの話題になったころ、セーヌの左岸のカルチェ・ラタンにある「ドダン・ブーファン」というレストランの人気が高いというので行ったことがある。噂は嘘でなくて、料理はなかなかのものだった。メニューのオードブルに生のサケというのがあったので頼んでみた。大ぶりのお皿に薄くスライスしたサケの切り身が現れたが、その薄いのにびっくり。日本のフグ刺しみたいに薄いのだ。不器用なフランス人が（失礼！）どうやってこんな技を身につけたんだろう。生のサケの身は切りにくいし、日本のように切れ味のすごい包丁はないはず。気になったので、やってきたシェフに聞いてみた。ニヤッと笑ったシェフに、こっちにおいでと言われて厨房へ。「これ」と指さした機械。ハムスライサーだった。生のサケの身を凍らせて少し固くし、これでスライスしたんだ。なーるほど。嬉しそうに大笑いしたシェフ。

ことのついでに、これに合うワインはなんだろうと聞くと、「決まってるよ、『サンセール』さ」。ブルゴーニュの白だと味が強いので、魚の味が負けてしまうんだ、と。ボルドーでは二番手になっているソーヴィニヨン・ブランに目をつけて、変身させたのがロワールの「サンセール」。今では世界の人気者になっているが、そのころはまだあまり知られていなかった。僕はこの日以来「サンセール」の絶対的ファンになった。

名物にうまいものなし

日本のウナギ（ニホンウナギ）は、二〇一四年に絶滅危惧種に指定された。値段も近年、ウナギ登り。スペインにはウナギの稚魚の名物料理があって、すごくおいしいと料理のガイドブックに書いてあったので、それを目当てに行ったことがある。現物にお目にかかるとフライかスープ仕立て。わずか数センチの稚魚自体、味がそうあるわけではない。率直に言うと身も蓋もないが、驚くほどのものではなかった。歌舞伎の「月も朧(おぼろ)に白魚の篝(かがり)も霞む春の空」というセリフにもある、日本のシラウオのほうがよっぽどおいしい。

スペインでウナギの稚魚よりもよかったのが、スッポンを使ったスープ。コンソメ仕立てで、スープだけで出てくる。しかも、グラグラに煮立っているのをテーブルまで運んで、そのままお皿に注ぐ。これではとても飲めない、とあっけにとられていると、すまし顔のボーイが、隠し持ってきた冷えたシェリーをどくどくと注いだ。スープとシェリーが、ハーモニーを奏でる。日本のスッポン料理の残り汁は絶妙だが、これはそれに負けないものだった。どうしてあの泥臭いカメからこんなスープが、と驚くほど精妙で、気品のある味わいだった。これにシェリーの逸品「アモンティリャード」が素敵に合った。

なおスペインのウナギの名誉のために、ひとこと言っておかなければならない。ごく最近、というか去年（二〇一四年）のことだが、スペイン北東のバルセロナから、北西のサンチャゴ・デ・コンポステーラまでいわゆる「巡礼の道」に沿ったコースを車で走った。最近のスペインワインの発展ぶりは目ざましい。そして最西の海沿いの「リアス・バイシャス」地区の品質向上も話題になっている。ここは白ワインの産地だが「リアス」とは海岸線が複雑な突起を描く地勢のことで、日本でも三陸地方がそうだ。「バイシャス」は〝低い〟という意味。

ここでは、他の地方と違ってブドウを垣根仕立てでなく、棚仕立てで育てている。それを見たかった。わかったのは日本の棚ほど枝の伸ばし方が精妙ではない。一本の主幹を太く長く伸ばす「一本字短梢」スタイル。どうしてスペインでここだけが、こんな棚仕立てをするんですか？と肝心なところを尋ねたところ、返ってきた答えは「昔からこうやっているんだ！」。

ここの白ワインに合う魚料理をと思って、魚料理屋に行ってみた。確かに悪くなかったが、その店程度のものなら他にもあった。この旅程の途中でお昼になったので、たまたま見かけた店に入った。ちょっとシックなインテリアの店で、シェフはおばさん。注文して出てきたのが、ウナギ料理。体長三十センチくらいのほどほどのやつが、お皿の上にUカーブを描いてつくねんとしている。それも黒い姿のまんま。え！　と思ってフォークを入れてひと口味わってみた。実にうまい！　オリーブ油のからあげ。あのひとくせあるウナギの真っ白な身が、実に素直。うなっ

サンチャゴ・ルイス社の「リアス・バイシャス」。高級品種アルバリーニョが原料。花のような香りを持つ辛口

た。こんなウナギ料理があるんだ。世界は広い。

話変わって、スペインのオムレツ。ワインの醸造過程に、樽熟成中のワインに浮遊するオリを取る「清澄（コラージュ）」の作業がある。その際に使う代表的な清澄剤が「卵白」。フランスのボルドー地方あたりになると、ワインの生産量が膨大だから、使う卵の量もハンパではない。清澄をするシーズンになると、毎日オムレツを食べなくてはならなくなり、見るのも嫌になるそうだ。そのせいか、ボルドーのレストランのメニューに、オムレツはあまり見かけない。だけど、オムレツはフランスのどんな田舎の駅前食堂で注文しても、それなりに食べられる無難な料理でもある。

スペインの地方を旅したとき、そんな理由から、とりあえずオムレツを注文しようとしたことがある。通訳がいないのでさっぱり通じないため、えいっ！　と両手をバタバタさせてコケコッコーと鶏の真似をしてみた。お尻から丸い物をとって、フライパンに入れて焼くしぐさをしてオムレツを表現したところ、ボーイは目を丸くするばかり。結局、英語のできる地元の人が助けてくれたが、ボーイの言葉に大笑い。

「日本では、雄鶏が卵を産むのか⁉」

そこのオムレツは悪くなかった。スペインはオムレツ天国なので、実にいろんなバリエーションがある。

スパニッシュ・オムレツ。スペイン語では「トルティージャ」。さまざまな具を使いバリエーション豊か

初公開！　わが愛するふだん飲みワイン

「汝とは無縁じゃ」と言わんばかりの高嶺の花のワインというものがある。これを崇拝する人もいるし、悔しまぎれに「あんなものは、お金と見栄を飲んでいるだけだ」と罵る人もいる。毀誉褒貶はさておいて、この世の中に「ハレ」のワインと「ケ」のワインがあることは厳然たる事実。ただ、一つだけ言わなければならないことは、いわゆるグランヴァンは食事とともに飲むものではない。そのデリカシーを味わうためには、料理などは邪魔になる。食事中はほどほどのワインを飲み、メインコースが終わってから、食卓の雑物を全てかたづけ、グランヴァンだけを味わうというのが、賢者の飲酒法である。

そうした意味で、ふだん飲むべきワインは懐を脅かさない「ケ」のワインでなければならない。注意して選べば、値段は高からざれども、おいしいワインというものがいくらでもある。わが愛しのワインは、そんなワインなのだ。

■白ワイン

①シャブリ（フランス／ブルゴーニュ地方）

「シャブリ」にはピンからキリまである。好き嫌いがあるだろうが、今は一級ものがお買い得。ただ、生ガキの場合は一級、特級以外の普通の「シャブリ」を。造り手ではウィリアム・

フェーヴル、ドーヴィサ。最近よく飲むのは、生産者協同組合のシャブリジェンヌのもの。

②マコン（フランス／ブルゴーニュ地方）

ひと昔前まで、「マコン」と言えばワイン通は小バカにしていた。今は、どうしてどうしてそんなことはない。中にすごくいいものがある。またマコンの北のシャロネーズ地区には、ロマネ・コンティのご主人ヴィレーヌさんの夫人が造る「ブーズロン」がある。

③プイィ・フュイッセ（フランス／ブルゴーニュ地方）

ブルゴーニュでも一風変わった風格というか、クセのある、それが実に面白い。

④サントーバン（フランス／ブルゴーニュ地方）

辛口白の真打ちはモンラッシェ系だが、シャサーニュ村よりピュリニー村のものの方がいい。このごろは高くなったので、お隣の「サントーバン」に掘り出し物がある。

⑤ムルソー（フランス／ブルゴーニュ地方）

偉そうな顔をしないで、人懐っこいたちなのが「ムルソー」。ただ、最近は本当の「ムルソー」というものを造る生産者が少なくなった。

⑥サンセール（フランス／ロワール地方）

かつてロワールでは「ミュスカデ」に惚れ込んでいた。だけど今は「サンセール」一本やり。個性というものがある。地形・土壌が複雑で、なかなかの造り手が多いので選ぶのが楽しみ。とにかく酸の切れがいい。和食にいちばん合うワイン。騙されたと思って試してほしい。

⑦ヴーヴレ（フランス／ロワール地方）

もっぱら観光客と地元の爺さん達に愛されているが、日本では無視されている。「サンセール」と違って和やかなところが、日本人に合うはずなんだが……。ことに和食に。

⑧ソアーヴェ・クラッシコ（イタリア／ヴェネト州）

赤ワイン天国のイタリアにもいい白がある。「ソアーヴェ」は世界的に人気で、量産に走って堕落した。ただ、伝統固守の「クラッシコ」がついたものは、探して飲む価値がある。老舗のアンセルミとピエロパンには感心させられるが、サンティのものやジーニのものにも手が出る。

⑨リアス・バイシャス（スペイン）

スペイン北西部のワイン。近年めきめき品質が向上。ここは日本と風土が似ている上に、日本と同じ棚仕立て。スペインにもこんなワインがあるのかと、感心させられる。

⑩甲州（日本）

「日本ワインを愛する会」の会長を務めている関係で、全国あまたのワインを飲まされている。近年、日本ワインはすごく良くなったが、やはり手が出るのは「甲州」。

■赤ワイン

①ボージョレ（フランス／ブルゴーニュ地方）

なんと言っても、果実味がこれほど爽やかで軽快なものは、ほかにない。ただし村名もの。幸いにしてあれば、「フルーリィ」か「モルゴン」。ヌーボーは面白くなくなった。造り手で言えば、昔はもっぱらモメサンのお世話になったが、最近はラ・プレーニュ。もちろんデュブッフも悪くない。

②ブルゴーニュ（フランス）

赤と言えばやっぱりブルゴーニュ。とは言え、近年の高騰で本当に飲みたいものには手が出しにくくなった。ただ単なる「ブルゴーニュ」だけを名乗る広域呼称ものに、新現象が起きている。昔はもっぱらネゴシアンもので、おぞましいものばかりだった。最近は、名だたるドメーヌが、この広域ものの分野に手を伸ばしている。選びさえすれば決してバカに出来ない。

③コート・デュ・ローヌ（フランス／ローヌ地方）

なんと言っても南の生まれだから肉づきがよく、飲みごたえがある。ただし、「ヴィラージュ」がついたもの。村名ものには出色品あり。肩肘張らずに飲めて、ワインを飲んだという満足感が得られるのが嬉しい。もしあれば「ジゴンダス」。

④ミネルヴォワ（フランス／ラングドック地方）

昔は量産地だったが、今はまともなものが手に入る。僕のお気に入りは「ミネルヴォワ」で、ジェラール・ベルトランのものは悪くない。だが「フィトゥー」があれば見逃してはいけない。最近は「ペイ・ドック」にも出色のものあり。

⑤ソミュール・シャンピニー（フランス／ロワール地方）

昔はロワールで飲みたくなるのは「シノン」ぐらいだったが、今ではお隣の「ブルグイユ」が負けなくなった。そして見逃せないのが、この「ソミュール」。軽妙洒脱。飲んで楽しくなる。

⑥メドックの「ブルジョワ」級もの（フランス／ボルドー地方）

著名シャトーものだけが、飲むべきボルドーワインではない。「ブルジョワ」級ものは数が多いが、ちゃんと選べば格付けものと遜色ないのがある。若くして飲めるのが、有り難い。

⑦サンテミリオンの「クリュ・クラッセ」もの（フランス／ボルドー地方）

ボルドーではサンテミリオンが日本人の舌に合う。タンニンが厳しくない。ただし「クリュ・クラッセ」がつかないものは玉石混交だから敬遠する。

⑧キアンティ・クラッシコ（イタリア／トスカーナ州）

何しろイタリアは赤の天国だから、選ぶのに迷う。いつ飲んでも無難なのが「キアンティ・クラッシコ」。そもそもイタリアワインから、赤を一本選べというのが無理難題というもの。だから親しみやすいところをもう一つあげれば「ヴァルポリチェッラ」。ベルターニかボッラ、ダル・フォルノ・ロマーノなんかに手が出る。

⑨スペインのいくつかの産地のもの（スペイン）

数ある世界のワインの中から、（日本を除いて）あと一本と言われても困る。スペインからと決めたが、飲みたいものがズラリ。無難なのは「リオハ」か「ペネデス」だが、「リベラ・デル・ドゥエロ」の良品も手に入るようになった。広いラ・マンチャ地方には「バルデペーニャス」がある。スペインの赤は、安いものでも〝ワインらしいワイン〟なんだ。

⑩メルロ（日本）

熱心にワイン造りをしている方々には申し訳ないが、そしてお叱りを受けることを覚悟であえて言わせていただければ、この十年で日本ワインの品質は目ざましく向上したものの、赤の低価格帯のものには手を出したくない。コストパフォーマンスを棚上げすれば、メルロは世界的な水準になった。カベルネ・ソーヴィニヨンとピノ・ノワールは、まだまだの感。

と、編集部との約束では白・赤各十本ということで、ここで打ち止めのはずだった。だけど、シャンパン飲みの身としては、どうしてもシャンパンのことが言いたくなった。

番外編　シャンパン（フランス／シャンパーニュ地方）

昔はもっぱら大手業者を頼りにしていたが、このごろは中小零細のレコルタン・マニピュラン（栽培醸造家）にも手を伸ばさないわけにはいかなくなった。まさに咲き乱れる花園で、好きなものに絞ると言っても容易ではない。ただ、何と言っても好きなものとなれば、大手ではまずルイナールとポル・ロジェ。ランソンも好きなものに入るし、ロデレールも嫌いではない。それにアヤラとドゥーツというところ。

人名・書名・料理名・ワイン用語などの索引

酒名・生産者名・地名などの索引

山本 博（やまもと・ひろし）
1931年横浜市生まれ。現役弁護士にして、日本ワイン界の大御所。
ワインに興味を持ったのは1940年代後半。69年に念願の渡仏を果たす。以来、世界各地のワイナリーを訪ね、英仏で出版されているワイン飲みにとっての「必読ワイン書」を多数翻訳。日本におけるワイン知識の普及に大きな役割を果たした。日本輸入ワイン協会会長。日本ワインを愛する会会長。
著書に『ワインの女王』『日本のワイン』（ともに早川書房）、『シャンパン物語』（柴田書店）、『ワインの歴史』（河出書房新社）、訳書に『新フランスワイン』（柴田書店）、『ワインの王様』（早川書房）、『ブルゴーニュワイン』（河出書房新社）など多数。

装丁　南 伸坊
本文デザイン　川合千尋（コラージュ）

快楽ワイン道
それでも飲まずにいられない

2016年5月25日　第1刷発行

著者　山本 博

発行者――鈴木 哲
発行所――株式会社 講談社
〒112-8001　東京都文京区音羽2-12-21
編集　☎03-5395-3707
販売　☎03-5395-3606
業務　☎03-5395-3615
印刷所――慶昌堂印刷株式会社
製本所――株式会社国宝社

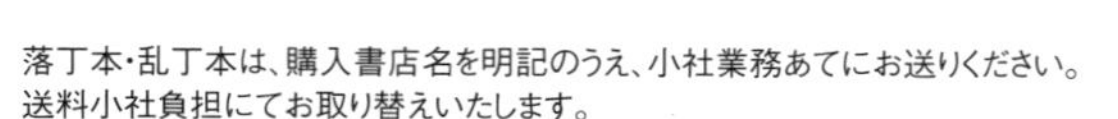

ISBN978-4-06-220054-7